◎ 主编 刘 坤 陈荣军 钱 峰

概率论与数理统计学考指导

GAILVLUN YU

SHULI TONGJI XUEKAO ZHIDAO

第二版

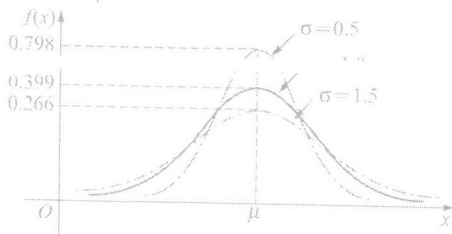

南京大学出版社

图书在版编目(CIP)数据

概率论与数理统计学考指导(第二版) / 刘坤,陈荣军,

钱峰主编. —— 2 版. —— 南京：南京大学出版社，2016.6(2018.7重印)

ISBN 978 - 7 - 305 - 17218 - 2

Ⅰ．①概… Ⅱ．①刘… ②陈… ③钱… Ⅲ．①概率论

－高等学校－教学参考资料②数理统计－高等学校－教学

参考资料 Ⅳ．①021

中国版本图书馆 CIP 数据核字(2016)第 140189 号

出版发行　南京大学出版社
社　　址　南京市汉口路 22 号　　　　邮　编　210093
出 版 人　金鑫荣
书　　名　**概率论与数理统计学考指导(第二版)**
主　编　刘　坤　陈荣军　钱　峰
责任编辑　单　宁　　　　　　　　编辑热线　025 - 83596923
责任校对　张小燕

照　　排　南京南琳图文制作有限公司
印　　刷　南京人文印务有限公司
开　　本　787×960　1/16　印张 13.75　字数 203 千
版　　次　2016 年 6 月第 2 版　2018 年 7 月第 4 次印刷
ISBN 978 - 7 - 305 - 17218 - 2
定　　价　32.00 元

网址：http://www.njupco.com
官方微博：http://weibo.com/njupco
官方微信号：njupress
销售咨询热线：(025)83594756

前　　言

概率论与数理统计是理工科、经济管理学科一门重要的基础课,也是工学、经济学、管理学硕士研究生入学考试的一门必考科目.在概率论与数理统计课程的学习过程中,许多初学者深感内容难懂,习题难做.为了满足广大同学课程学习、复习考试及考研复习准备的需要,作者根据多年课程教学与考研辅导讲课的经验,编写了本书.

本书是南京大学出版社出版,刘坤主编的江苏省重点教材《概率论与数理统计》(第三版)的配套教材.每章设计了五方面的内容:

一、本章内容综述;

二、易错概念问题解析;

三、典型问题解析;

四、考研类型真题解析;

五、基础训练题.

其目的是通过以上五个方面的学习和训练,帮助学生消化理解课堂上没有完全理解的内容,正确理解概率论与数理统计课程的基本概念,掌握解题的方法与技巧,提高综合分析问题与解决问题的能力.

全书由刘坤、陈荣军、钱峰编写,由刘坤编写大纲与统稿.

由于水平有限,书中疏漏与不妥之处,恳请广大读者批评指正.

编　者
2016 年 5 月

目 录

第 1 章　随机事件与概率

§1.1　本章内容综述

1.1.1　随机事件的基本概念

1. 随机试验

满足以下条件的试验称为随机试验：

(1) 试验可在相同条件下重复进行.

(2) 每次试验的可能结果不止一个,并且能事先明确试验的所有可能结果.

(3) 进行一次试验前无法确定出现哪种结果.

2. 样本空间与样本点

对于随机试验 E 的所有可能结果 e 所构成的集合 $\{e\}$,称为随机试验 E 的样本空间,记为 S. 样本空间的元素,即 E 的每一个结果 e,称为样本点.

3. 随机事件

(1) 事件　一般地,我们称随机试验 E 的样本空间 S 的子集为 E 的随机事件,简称事件. 常用 $A,B,C,\cdots$ 表示. 当且仅当事件中的一个样本点出现时,就称这一事件发生.

(2) 基本事件　只含一个样本点的事件叫基本事件.

(3) 必然事件　样本空间 S 包含所有的样本点,它是自身的子集,在每次试验中它总是发生的,称为必然事件,记为 S.

(4) 不可能事件　空集不包含任何样本点,它也是样本空间 S 的子集,它在每次试验中都不发生,称为不可能事件,记为 $\varnothing$.

4. 事件的关系和运算

(1) 包含关系　若事件 A 发生必然导致事件 B 发生,则称 B 包含 A,或称 A 包含于 B,记为 $B \supset A$ 或 $A \subset B$.

(2) 相等关系　若 $B \supset A$ 且 $B \subset A$,则称 A 与 B 相等,记为 $A = B$.

(3) 事件的和(并)　A 与 B 至少有一个发生,称为 A 与 B 的和,记为 $A + B$ 或 $A \cup B$.

类似地,称 $\bigcup_{i=1}^{n} A_i$ 为 n 个事件 $A_1, A_2, \cdots, A_n$ 的和事件;称 $\bigcup_{i=1}^{\infty} A_i$ 为可列个事件 $A_1, A_2, \cdots, A_n, \cdots$ 的和事件.

(4) 事件的积(交)　A 与 B 同时发生,称为 A 与 B 的积,记为 AB 或 $A \cap B$.

类似地,称 $\bigcap_{i=1}^{n} A_i$ 为 n 个事件 $A_1, A_2, \cdots, A_n$ 的积事件;称 $\bigcap_{i=1}^{\infty} A_i$ 为可列个事件 $A_1, A_2, \cdots, A_n, \cdots$ 的积事件.

(5) 事件的差　B 发生而 A 不发生,称为 B 与 A 的差,记为 $B - A$.

(6) 互不相容事件(互斥事件)　若 A 与 B 不能同时发生,即 $AB = \varnothing$,则称 A 与 B 互不相容(互斥).

(7) 对立事件(互逆事件)　若 A 与 B 互斥,且 A 与 B 的和为 S(样本空间),即 $A \cap B = \varnothing$,$A \cup B = S$,则称 A 与 B 是相互对立(互逆)的. A 的对立事件记为 $\overline{A}$,显然有 $\overline{A} = S - A$.

(8) 事件的运算律　设 A, B, C 为事件,事件的关系与运算满足下列运算律:

① $A \cup \varnothing = A, A \cap \varnothing = \varnothing, A - \varnothing = A, A \cup A = A, A \cap A = A$.

② 交换律:$A \cup B = B \cup A, A \cap B = B \cap A$.

③ 结合律:$(A \cup B) \cup C = A \cup (B \cup C), (A \cap B) \cap C = A \cap (B \cap C)$.

④ 分配律:$(A \cup B) \cap C = (A \cap C) \cup (B \cap C), (A \cap B) \cup C = (A \cup C) \cap (B \cup C)$.

⑤ 差化积:$B - A = B \cap \overline{A}$.

⑥ 吸收律:若 $A \subset B$,则 $A \cup B = B, A \cap B = A$.

⑦ 对偶律：$\overline{A\cup B}=\overline{A}\cap\overline{B}$，$\overline{A\cap B}=\overline{A}\cup\overline{B}$（德摩根定律）.

一般地，对于 n 个事件 $A_1,A_2,\cdots,A_n$，有 $\overline{\bigcup\limits_{i=1}^{n}A_i}=\bigcap\limits_{i=1}^{n}\overline{A_i}$，$\overline{\bigcap\limits_{i=1}^{n}A_i}=\bigcup\limits_{i=1}^{n}\overline{A_i}$.

同时，可以得到：$B-A=B-AB$.

1.1.2　概率及其性质

1. 概率的公理化定义

设 E 是随机试验，S 是它的样本空间. 对于 E 的每一事件 A 赋予一个实数，记为 $P(A)$，称为事件 A 的概率，如果集合函数 $P(\cdot)$ 满足下列条件：

（1）非负性　对于任一事件 A，有 $P(A)\geqslant 0$.

（2）规范性　对于必然事件 S，有 $P(S)=1$.

（3）可列可加性　设 $A_1,A_2,\cdots$ 是两两互不相容的事件，即对于 $i\neq j$，$A_iA_j=\varnothing$，$i,j=1,2,3,\cdots$，则有

$$P(\bigcup\limits_{i=1}^{\infty}A_i)=\sum\limits_{i=1}^{\infty}P(A_i).$$

概率 $P(A)$ 是在一次试验中 A 事件发生的可能性大小的一个度量.

2. 概率的性质

（1）$P(\varnothing)=0$，$P(S)=1$.

（2）（有限可加性）设 $A_1,A_2,\cdots,A_n$ 是有限个两两互不相容的事件，则有

$$P(\bigcup\limits_{i=1}^{n}A_i)=\sum\limits_{i=1}^{n}P(A_i).$$

（3）对于任意事件 A，有 $P(\overline{A})=1-P(A)$.

（4）设 A,B 是两个事件，若 $A\subset B$，则有 $P(B-A)=P(B)-P(A)$ 且 $P(B)\geqslant P(A)$.

（5）设 A,B 是任意两个事件，则有 $P(B-A)=P(B)-P(AB)$.

（6）对任意事件 A，有 $0\leqslant P(A)\leqslant 1$.

1.1.3　等可能概型

1. 古典概型及概率计算

具备以下两个条件的试验称为古典概型：

（1）试验的样本空间仅由有限个样本点组成.

(2) 试验中每个基本事件的发生是等可能的.

古典概型下事件 A 的概率为

$$P(A)=\frac{A\ 中包含的基本事件数}{样本空间所含的基本事件数}=\frac{m}{n}.$$

2. 几何概型及概率计算

如果试验 E 的可能结果可以几何地表示为某区域 S 中的一个点(区域可以是一维的、二维的、三维的……),并且点落在 S 中的某区域 A 的概率与 A 的测度(长度、面积、体积……)成正比,而与 A 的位置无关,则随机点落在区域 A 的概率为

$$P(A)=\frac{A\ 的测度}{S\ 的测度}=\frac{M(A)}{M(S)}.$$

1.1.4　概率的加法公式

1. 互不相容事件的加法公式

(1) 两个互不相容事件的和的概率,等于它们概率的和. 即若 A 与 B 互不相容,则

$$P(A\bigcup B)=P(A)+P(B).$$

(2) 若 $A_1,A_2,\cdots,A_n$ 两两互不相容,则

$$P(A_1\bigcup A_2\bigcup\cdots\bigcup A_n)=P(A_1)+P(A_2)+\cdots+P(A_n).$$

2. 任意事件的加法公式

(1) 对于任意事件 A 与 B,有 $P(A\bigcup B)=P(A)+P(B)-P(AB)$.

(2) 对于任意三个事件 A,B,C,有

$$P(A\bigcup B\bigcup C)=P(A)+P(B)+P(C)-P(AB)-P(AC)-P(BC)+$$
$$P(ABC).$$

(3) 对于任意 n 个事件 $A_1,A_2,\cdots,A_n$,有

$$P(A_1\bigcup A_2\bigcup\cdots\bigcup A_n)$$
$$=\sum_{i=1}^{n}P(A_i)-\sum_{1\leqslant i<j\leqslant n}P(A_iA_j)+\sum_{1\leqslant i<j<k\leqslant n}P(A_iA_jA_k)+\cdots+$$
$$(-1)^{n-1}P(A_1A_2\cdots A_n).$$

1.1.5　条件概率

1. 条件概率的概念

若 $P(A) > 0$,则称

$$P(B \mid A) = \frac{P(AB)}{P(A)}$$

为在 A 发生的条件下, B 发生的概率;或 $P(B) > 0$,

$$P(A \mid B) = \frac{P(AB)}{P(B)}$$

为在 B 发生的条件下, A 发生的概率.

不难验证,条件概率 $P(\cdot \mid A)$ 符合概率定义中的三条公理,即

(1) 非负性　对任意事件 B,有 $P(B \mid A) \geqslant 0$.

(2) 规范性　$P(S \mid A) = 1$.

(3) 可列可加性　若可列个事件 $B_1, B_2, \cdots$ 两两互不相容,即当 $i \neq j$ 时, $B_i B_j = \varnothing, i, j = 1, 2, 3, \cdots$,则有

$$P\left(\bigcup_{i=1}^{\infty} B_i \mid A\right) = \sum_{i=1}^{\infty} P(B_i \mid A).$$

2. 条件概率的性质

(1) 对于任意事件 A_1, A_2,有

$$P((A_1 \bigcup A_2) \mid B) = P(A_1 \mid B) + P(A_2 \mid B) - P(A_1 A_2 \mid B).$$

(2) $P(A \mid B) = 1 - P(\overline{A} \mid B)$.

(3) $P(\varnothing \mid B) = 0$.

(4) $P(A) = P(A \mid S)$.

1.1.6　概率的乘法公式

1. 两个事件 A, B 的乘法公式

两个事件 A, B 乘积的概率,等于其中一个事件的概率与另一个事件在前一事件已经发生下的条件概率的乘积,即

$$P(AB) = P(A)P(B \mid A), P(A) > 0$$

或

$$P(AB) = P(B)P(A \mid B), P(B) > 0.$$

2. 三个事件 A,B,C 的乘法公式

设 A,B,C 为事件,且 $P(AB) > 0$,则有

$$P(ABC) = P(A)P(B \mid A)P(C \mid AB).$$

3. n 个事件的乘法公式

设 $A_1, A_2, A_3, \cdots, A_n$ 为 n 个事件,$n \geqslant 2$ 且 $P(A_1 A_2 \cdots A_{n-1}) > 0$,则有

$$P(A_1 A_2 \cdots A_n) = P(A_1)P(A_2 \mid A_1)P(A_3 \mid A_1 A_2) \cdots P(A_n \mid A_1 A_2 \cdots A_{n-1}).$$

1.1.7 全概率公式

1. 样本空间的划分

设 S 为试验 E 的样本空间,$A_1, A_2, \cdots, A_n$ 为 E 的一组事件. 若

(1) $A_i A_j = \varnothing, i \neq j, i, j = 1, 2, \cdots, n.$

(2) $A_1 \cup A_2 \cup \cdots \cup A_n = S,$

则称 $A_1, A_2, \cdots, A_n$ 为样本空间 S 的一个划分或完备事件组.

若 $A_1, A_2, \cdots, A_n$ 为样本空间 S 的一个划分,那么,对每次试验,事件 $A_1, A_2, \cdots, A_n$ 中必有一个且仅有一个发生.

2. 全概率公式

设 S 为试验 E 的样本空间,B 为 E 的事件,$A_1, A_2, \cdots, A_n$ 为 S 的一个划分,且 $P(A_i) > 0 (i = 1, 2, \cdots, n)$,则

$$P(B) = \sum_{i=1}^{n} P(A_i)P(B \mid A_i)$$

称为全概率公式.

1.1.8 贝叶斯(Bayes)公式

设 S 为试验 E 的样本空间,B 为 E 的事件,$A_1, A_2, \cdots, A_n$ 为 S 的一个划分,且 $P(B) > 0, P(A_i) > 0 (i = 1, 2, \cdots, n)$,则

$$P(A_i \mid B) = \frac{P(A_i)P(B \mid A_i)}{\sum_{j=1}^{n} P(A_j)P(B \mid A_j)}, i = 1, 2, \cdots, n$$

称为贝叶斯公式.

1.1.9　事件的独立性

1. 两个事件的独立性

设 A,B 是两事件,如果满足等式 $P(AB)=P(A)P(B)$,则称事件 A,B 相互独立,简称 A,B 独立.

2. 三个事件的独立性

设 A,B,C 是三个事件,如果满足等式

$$P(AB)=P(A)P(B),$$
$$P(AC)=P(A)P(C),$$
$$P(BC)=P(B)P(C),$$
$$P(ABC)=P(A)P(B)P(C),$$

则称事件 A,B,C 相互独立.

3. n 个事件的独立性

一般地,设 $A_1,A_2,\cdots,A_n(n\geqslant2)$ 是 n 个事件,如果对于其中任意 2 个,任意 3 个,$\cdots\cdots$,任意 n 个事件的积的概率,都等于各个事件概率之积,则称 $A_1,A_2,\cdots,A_n$ 相互独立.

4. 相互独立的相关定理

(1) 若事件 A 与 B 相互独立,则 A 与 $\overline{B}$,$\overline{A}$ 与 B,$\overline{A}$ 与 $\overline{B}$ 各对事件也相互独立.

(2) 任意事件 A 与 $S,\varnothing$ 是相互独立的.

(3) 若事件 A 与 B 相互独立,则加法公式为

$$P(A\bigcup B)=1-P(\overline{A\bigcup B})=1-P(\overline{AB})=1-P(\overline{A})P(\overline{B}).$$

(4) 若 n 个事件 $A_1,A_2,\cdots,A_n(n\geqslant2)$ 相互独立,则其中任意 $k(2\leqslant k\leqslant n)$ 个事件也相互独立.

(5) 若 n 个事件 $A_1,A_2,\cdots,A_n(n\geqslant2)$ 相互独立,则将 $A_1,A_2,\cdots,A_n$ 中任意多个事件换成它们的对立事件,所得的 n 个事件仍相互独立.

(6) 若 $A_1,A_2,\cdots,A_n$ 相互独立,有 $P(A_1A_2\cdots A_n)=\prod\limits_{i=1}^{n}P(A_i)$.

(7) 若 $A_1, A_2, \cdots, A_n$ 相互独立,有 $P\left(\sum_{i=1}^{n} A_i\right) = 1 - \prod_{i=1}^{n} P(\overline{A_i})$.

1.1.10 伯努利概型

1. n 重伯努利概型

如果试验 E 的可能结果只有两个: A 与 $\overline{A}$,且记 $P(A)=p, P(\overline{A})=1-p=q$,称之为伯努利(Bernoulli)试验.若将试验 E 重复进行 n 次,且每次试验结果互不影响(独立的),则称为 n 重伯努利试验,相应的数学模型称为 n 重伯努利概型.

2. 二项概率公式

设事件 A 在每次试验中发生的概率为 $p(0<p<1)$,不发生的概率为 $q(q=1-p)$,则在 n 重伯努利试验中,事件 A 恰好发生 k 次的概率为

$$P_n(k) = C_n^k p^k q^{n-k}, k=0,1,2,\cdots,n.$$

§1.2 易错概念问题解析

1. 什么是统计规律性?什么是随机现象?

答 在一定条件下发生的现象,其结果是多样的.而在发生前不能预知确切结果的不确定现象,其结果在大量重复试验中却能呈现出一种规律性.由于这种规律是根据统计数据分析出来的,因而称为统计规律性.

在一次试验或观察中结果不能预先确定,而在大量重复试验中结果具有统计规律性的现象称为随机现象.随机现象是概率论与数理统计的主要研究对象.

2. 如何理解互逆事件与互斥事件?

答 如果两个事件 A 与 B 必有一个发生,且至多有一个发生,则 A,B 为互逆事件,即 $B=\overline{A}$.

如果两个事件 A 与 B 不能同时发生,则 A,B 为互斥事件.

如考试及格与不及格是互逆也是互斥的,但考试 70 分和 80 分互斥却不互逆.

区别互逆与互斥的关键是,当样本空间只有两个事件时,两事件才可能互逆.而互斥适用于多个事件的情形.互斥事件的特征是,在一次试验中两者可以都不发生,而互逆事件必发生一个且至多发生一个.

3. 如何用已知事件来表达与其有关的其他事件?

答　首先要了解所讨论试验中事件的构成,所需表达事件与已知事件的关系,然后运用这些关系与运算法则将事件表达出来.

例如,设 S 为事件 $0 \leqslant x \leqslant 5$,$A$ 为事件 $1 \leqslant x \leqslant 2$,$B$ 为事件 $0 \leqslant x \leqslant 2$,则:

$0 \leqslant x \leqslant 2$ 为事件 B 或 $A \cup B$;

$1 \leqslant x \leqslant 2$ 为事件 A 或 BA;

$2 < x \leqslant 5$ 为事件 $S - B$ 或 $\overline{B}$;

$0 \leqslant x < 1$ 为 $B - A$.

4. 区别确定性现象、样本空间与必然事件.

答　在一定条件下一定发生的现象,称为确定性现象.如,在标准状态下水在100 ℃时就沸腾.样本空间是随机试验 E 的所有可能结果的集合,而必然事件是指随机试验中一定会出现的结果.虽然在一次试验中只有样本空间的一个元素发生,但当把样本空间视为一个整体时,我们说它在每次试验中都发生了.因此,可以说样本空间是必然事件.必然事件属于随机现象的范畴,它很明显不同于确定性现象,不要因为在每一次试验中均发生就将它与确定性现象混淆.

5. 在什么情况下,随机事件 A 的频率可以作为它的概率的近似值?

答　随机事件 A 的频率 $f_n(A)$ 反映事件 A 在多次重复试验中发生的频繁程度.当 n 增大时,频率在概率 $P(A)$ 附近摆动.因此,每一个从独立重复试验中测得的频率,都可以作为概率 $P(A)$ 的近似值.而且,一般 n 越大,近似程度越好.

事实上,当 n 增大时,频率大量集中于包含 $P(A)$ 的一个小区间.任选区间中一值作为概率的近似值,称为统计概率.在解题时,当 n 较大时,可取统计概率为 $P(A) \approx \dfrac{n_A}{n}$.

6. 概率是否可以看做频率的极限？

答 这样理解是不恰当的. 因为如上题所述, 当 $n \to \infty$ 时, $f_n(A)$ 在 $P(A)$ 附近摆动, 与高等数学中极限的 $\varepsilon - N$ 概念是不同的. 由于概率是随机现象的可能性的赋值, 对于任给的 $\varepsilon > 0$, 存在偶然的因素, 可能找不到 $N(\varepsilon)$, 从而得不到 $|f_n(A) - P(A)| < \varepsilon$.

7. 怎样理解古典概型的等可能假设？

答 等可能性是古典概型的两大假设之一, 有了这两个假设, 给直接计算概率带来了很大的方便. 但在事实上, 判断所讨论问题是否符合等可能假设, 一般不是通过实际验证, 而往往是根据人们长期形成的"对称性经验"作出的. 例如, 骰子是正六面形, 当质量均匀分布时, 投掷一次, 每面朝上的可能性都相等; 装在袋中的小球, 颜色可以不同, 只要大小和形状相同, 摸出其中任一个的可能性都相等. 因此, 等可能假设不是人为的, 而是人们根据对事物的认识——对称性特征而确认的.

8. 概率为 0 的事件是否为不可能事件？概率为 1 的事件是否为必然事件？

答 有关概念: 不可能事件 $\varnothing$ 的概率为 0, 即 $P(\varnothing) = 0$, 但其逆不真; 同样, 必然事件 Ω 的概率 $P(\Omega) = 1$, 但其逆也不真.

反例:

例1 设 A 表示事件: 向边长为 a 的正方形区域 G 任意投掷一点, 此点落在区域 g (g 为该正方形中的一条对角线), 则

$$P(A) = \frac{g \text{ 的面积}}{G \text{ 的面积}} = \frac{0}{a^2} = 0,$$

但 A 却并非为不可能事件.

例2 以 B 表示事件: 向边长为 a 的正方形区域 G 任意投掷一点, 此点落在区域 g (g 为该正方形去掉一条对角线后所剩下的区域), 则

$$P(B) = \frac{g \text{ 的面积}}{G \text{ 的面积}} = \frac{a^2}{a^2} = 1,$$

但 B 并非为必然事件.

9. 在求解古典概率问题时样本空间的选取不是唯一的.

答 **例** 同时掷两颗骰子, 掷一次, 求出现的点数和为偶数 A 的概率.

解法 1　取样本空间 $S=\{(奇,奇),(奇,偶),(偶,奇),(偶,偶)\}$，则

$$A=\{(奇,奇),(偶,偶)\},P(A)=\frac{2}{4}=\frac{1}{2}.$$

解法 2　取样本空间 $S=\{(点数和奇),(点数和为偶)\}$，则

$$\Lambda=\{(点数和为偶)\},P(A)=\frac{1}{2}.$$

10. 一次取 n 个球与 n 个球分 $m(m\leqslant n)$ 次取(不放回抽样)概率是否相等?

答　一次取 n 个球与 n 个球分 $m(m\leqslant n)$ 次取(不放回抽样),这两种取球方式效果一致,即概率是相等的.

例如,袋中有 3 只白球,5 只黑球,分别用以下三种不同方式取出 3 球,求所取 3 球都是黑球的概率.

(1) 从袋子中一次取出 3 球;

(2) 做不放回抽样,从袋子中取球 3 次,每次 1 只;

(3) 做不放回抽样,先从袋子中取出 2 球,再从袋子中取出 1 球.

解　设事件 A 为"取到的 3 只球都是白球",则

(1) $P(A)=\dfrac{C_5^3}{C_8^3}=\dfrac{5}{28}$;

(2) $P(A)=\dfrac{C_5^1 C_4^1 C_3^1}{C_8^1 C_7^1 C_6^1}=\dfrac{5}{28}$;

(3) $P(A)=\dfrac{C_5^2 C_3^1}{C_8^2 C_6^1}=\dfrac{5}{28}$.

11. 抽签的结果与抽签的先后次序无关.

答　**例**　袋子中有 m 只黑球, n 只白球,现将球一个个依次摸出,求第 k 次摸出黑球的概率.

解　设 A 为"第 k 次摸出黑球".给 $m+n$ 个球编号,将其依次排在 $m+n$ 个位置上,样本空间基本事件总数为 $(m+n)!$,事件 A 基本事件数为 $m(m+n-1)!$,故

$$P(A)=\frac{m(m+n-1)!}{(m+n)!}=\frac{m}{m+n}.$$

可以看出,概率与 k 无关,即抽签的结果与抽签次序无关.

12. 条件概率 $P(A|B)$ 与积事件概率 $P(AB)$ 有什么区别?

答 $P(AB)$ 是在样本空间 S 内,事件 AB 的概率,而 $P(A|B)$ 是在试验 E 增加了新条件 B 发生后的缩减样本空间 S_B 中计算事件 A 的概率.虽然是 A, B 都发生,但两者显然是不同的,当 $P(B)>0$ 时,有 $P(AB)=P(B)\cdot P(A|B)$,仅当 $P(B)=P(S)=1$ 时,两者相等.

13. 条件概率为什么是概率? 它与无条件概率有什么区别?

答 因为可以验证,条件概率满足概率定义中的三个条件,所以它是概率.

条件概率是在试验 E 的条件上加上一个新条件(如 B 发生),求事件(如 A)发生的概率.条件概率 $P(A|B)$ 与 $P(A)$ 的区别就是在 E 的条件上增加了一个新条件,而无条件概率是没有增加新条件的概率.

14. 两事件 A,B 独立与两事件 A,B 互斥这两个概念有什么关系?

答 这两个概念并无必然的联系.两事件 A,B 独立,则事件 A 的发生与事件 B 的发生无关;而两事件互斥,则其中任一个事件的发生必然导致另一个事件不发生,所以说,两事件的发生是有影响的.

15. 什么是小概率事件? 它有什么实际的意义?

答 小概率事件是指一次试验中发生概率很小的事件.但从理论上讲,一个事件发生的概率不论多小,只要不断重复试验下去,事件迟早会出现的,概率是 1.

因为,若设 $P(A)=\varepsilon>0$,A_k 为 A 在第 k 次试验中出现,则 $P(A_k)=\varepsilon$,$P(\overline{A_k})=1-\varepsilon$.$P(\overline{A_1}\,\overline{A_2}\cdots\overline{A_k})=(1-\varepsilon)^k$,于是在前 n 次试验中,A 至少出现一次的概率为

$$P_n=1-P(\overline{A_1}\,\overline{A_2}\cdots\overline{A_n})=1-(1-\varepsilon)^n\to 1 \quad (n\to\infty).$$

其实际意义是,我们可以借助它判断事情的真实性.因为根据实际推断原理,小概率事件在一次试验中几乎是不可能发生的.而某一认为概率很小的事件,居然在一次试验中发生了,人们就有理由怀疑其正确性.

16. 什么是先验概率和后验概率? 两者间有什么关系?

答 先验概率是指根据以往经验和分析得到的概率,如全概率公式

$$P(A) = \sum_{i=1}^{n} P(B_i) P(A \mid B_i)$$

中的 $P(B_i)$,它往往作为"由因求果"问题中的"因"出现. 后验概率是指在得到"结果"的信息后重新修正的概率,如贝叶斯公式

$$P(B_i \mid A) = \frac{P(A \mid B_i) P(B_i)}{P(A)}$$

中的 $P(B_i \mid A)$,是"执果寻因"问题中的"因".

先验概率与后验概率有不可分割的联系,后验概率的计算要以先验概率为基础. 如求 $P(B_i \mid A)$ 要先求 $P(A)$,一定要知道 $P(A \mid B_i)$.

§1.3 典型问题解析

1. 随机事件的关系与运算

例 1.1.1 甲、乙、丙三人对靶射击,用 A,B,C 分别表示"甲击中"、"乙击中"和"丙击中",试用 A,B,C 表示下列事件:

(1) 甲、乙都击中而丙未击中;

(2) 只有甲击中;

(3) 靶被击中;

(4) 三人中最多两人击中;

(5) 三人中恰好一人击中.

解 (1) 事件"甲、乙都击中而丙未击中"表示 A,B 与 $\overline{C}$ 同时发生,即: $AB\overline{C}$.

(2) 事件"只有甲击中"就是 A 发生而 B,C 未发生,可表示为: $A\overline{B}\,\overline{C}$.

(3) 事件"靶被击中"意味着甲、乙、丙三人至少有一人击中,可表示为: $A \cup B \cup C$.

(4) 事件"三人中最多两人击中"意即"三人中至少有一人未击中",可表

示为：$\overline{A} \cup \overline{B} \cup \overline{C}$.

(5) 事件"三人中恰好有一人击中"意即"三人中只有一人击中其余两人未击中"，可表示为：$A\overline{B}\,\overline{C} \cup \overline{B}\,\overline{A}\,\overline{C} \cup \overline{C}\,\overline{A}\,\overline{B}$.

例 1.1.2　以 A 表示"甲种产品畅销，乙种产品滞销"，则对立事件 $\overline{A}$ 为（　　）.

(A) "甲种产品滞销，乙种产品畅销"

(B) "甲、乙两种产品均畅销"

(C) "甲种产品滞销"

(D) "甲种产品滞销或乙种产品畅销"

解　A 的对立事件 $\overline{A}$ 是样本空间中除了事件 A 的所有事件，所以答案是(D).

例 1.1.3　设 A,B,C 为三个事件，则 $\overline{AB \cup BC \cup AC}$ 表示（　　）.

(A) A,B,C 至少发生一个　　(B) A,B,C 至少发生两个

(C) A,B,C 至多发生两个　　(D) A,B,C 至多发生一个

解　因为 $AB \cup BC \cup AC$ 表示 A,B,C 至少发生两个，所以它的对立事件 $\overline{AB \cup BC \cup AC}$ 表示 A,B,C 至多发生一个，答案是(D).

例 1.1.4　设 A,B,C 为三个事件，与事件 A 互斥的事件是（　　）.

(A) $\overline{AB+AC}$　　　　　　　(B) $\overline{A(B+C)}$

(C) $\overline{ABC}$　　　　　　　　　(D) $\overline{A+B+C}$

解　因为 $A(\overline{A+B+C}) = A\overline{A}\,\overline{B}\,\overline{C} = \varnothing$，所以答案是(D).

例 1.1.5　设 A,B 为两个事件，则下列结论一定正确的是（　　）.

(A) $(A+B)-B=A$　　　　　　(B) $A-B=A$

(C) $(A-B)+B=A+B$　　(D) $A+AB=A+B$

解　因为 $(A+B)-B=(A+B)\overline{B}=A\overline{B}$，$A-B=A\overline{B}$，$A+AB=A$，所以答案是(C).

2. 求古典概率问题

例 1.2.1　将一枚骰子掷两次，问出现点数之和等于 7 的概率是多少？

解　我们知道，两次掷骰子所有可能出现的点数共有 36 对，即基本事件

总数 $n=36$. 而每一对出现的机会相等. 若记事件 A 为"点数之和等于 7",它包含 $(1,6),(2,5),(3,4),(4,3),(5,2),(6,1)$,共 6 对. 根据概率的古典定义得

$$P(A)=\frac{6}{36}=\frac{1}{6}.$$

例 1.2.2　在 100 件产品中,有 10 件次品,今从中任取 5 件,求其中:

(1) 恰有 2 件次品的概率;

(2) 没有次品的概率.

解　(1) 基本事件总数 $n=C_{100}^5$. 设 A 表示事件"任取的 5 件产品中恰有 2 件次品",则 A 事件所包含的基本事件数可以这样计算:从 10 件次品中任取 2 件次品,有 C_{10}^2 种取法;从 90 件正品中取得 3 件正品,共有 C_{90}^3 种取法,因而 $m=C_{10}^2 \times C_{90}^3$. 根据概率的古典定义得

$$P(A)=\frac{C_{10}^2 \times C_{90}^3}{C_{100}^5}\approx 0.070\,2.$$

(2) 用 A_0 表示没有次品,则 A_0 事件所包含的基本事件数 $m=C_{90}^5$,故

$$P(A_0)=\frac{C_{90}^5}{C_{100}^5}\approx 0.583\,8.$$

例 1.2.3　设每一个人的生日在一年 12 个月中的任一月是等可能的,那么随机选取 $n(n\leqslant 12)$ 个人,求他们的生日都不在同一个月的概率.

解　n 个人中每人的生日都可在 12 个月中的任一月且是等可能的,他们生日的所有排列方式实际上是 12 选 n 个的有重复的排列,排列数为 12^n. 而本题要求每个人的生日不同月,他们生日的所有排列方式实际上是 12 个选 n 个的排列,排列数为 A_{12}^n.

设事件 A 为"n 个人中每人的生日都不同月",则随机试验的样本空间 S 的基本事件总数为 12^n,事件 A 的基本事件数为 A_{12}^n. 所以

$$P(A)=\frac{A_{12}^n}{12^n}=\frac{12\times 11\times \cdots \times (12-n+1)}{12^n}.$$

例 1.2.4　把甲、乙、丙三名学生依次随机地分配到 5 间宿舍中去,假定

每间宿舍最多可住 8 人,试求:(1)这三名学生住在不同宿舍的概率;(2)至少有两名学生住在同一宿舍中的概率.

解 (1)由于每名学生都可能分配到这 5 间宿舍的任意一间,因此共有 $5 \times 5 \times 5 = 5^3$ 种分配方案,即 $n = 5^3$.设事件 A 表示"这三名学生住在不同的宿舍里".对学生甲有 5 种分配方案;甲分配之后,为了使甲、乙不住同一宿舍,对学生乙只有 4 种分配方案;类似地,对学生丙只有 3 种分配方案.于是,$m = 5 \times 4 \times 3$.由此得到

$$P(A) = \frac{5 \times 4 \times 3}{5^3} = \frac{12}{25} = 0.48.$$

(2)由于这个事件是事件 A 的对立事件 $\overline{A}$,因此

$$P(\overline{A}) = 1 - P(A) = 1 - 0.48 = 0.52.$$

例 1.2.5 有 10 双不同的鞋子,丢了 6 只,求还剩完整 6 双鞋子的概率.

解 从 10 双不同的鞋子中取 6 只的方法有 C_{20}^6 种,即 $n = C_{20}^6$.设事件 A 表示"还剩完整 6 双鞋子".由题意可知丢失的 6 只中恰有 2 双能配成对的,它们来自 10 双不同的鞋子中,取得的方法有 C_{10}^2 种;而其余 $6 - 4 = 2$ 只必是不同型号的 2 双,它们只能来自其余的 8 双,在这 8 双中随机取 2 双有 C_8^2 种取法;对于所取的每一双可以取其左只,也可以取右只,有 2^2 种取得方法,所以 A 包含的基本事件数是 $m = C_{10}^2 C_8^2 2^2$.根据概率的古典定义得

$$P(A) = \frac{C_{10}^2 C_8^2 2^2}{C_{20}^6} \approx 0.130.$$

3. 求几何概率问题

例 1.3.1 在长半轴长为 5,短半轴长为 3 的椭圆内画平行于长半轴的弦,若这弦与短半轴的交点在短半轴上是等可能的,求任意画的弦长度不小于 6 的概率.

解 设事件 A 为"任意画的弦长度不小于 6".以椭圆的中心为原点,长半轴所在的直线为 x 轴建立直角坐标系,则椭圆的方程为 $\frac{x^2}{5^2} + \frac{y^2}{3^2} = 1$.弦长为 6 时,由对称性,其与椭圆有四个交点,位于一、四象限的两个交点间的距离可如

下求出:将 $x=\pm 3$ 代入 $\dfrac{x^2}{5^2}+\dfrac{y^2}{3^2}=1$,得 $y=\pm\dfrac{12}{5}$,故弦与椭圆位于一、四象限的

两个交点间的距离为 $\dfrac{24}{5}$. 由题意有

$$P(A)=\frac{\text{弦与椭圆位于一、四象限交点间的距离}}{\text{椭圆短半轴长}}=\frac{\dfrac{24}{5}}{6}=\frac{4}{5}.$$

例 1.3.2　把长度为 a 的铁丝任意折 3 段,求它们可以构成一个三角形的概率.

解　先设出两段长 x,y,以它们为坐标系的横坐标和纵坐标,找出可以构成三角形满足的不等式和 x,y 所取值满足的不等式,这两组不等式所围成的平面区域面积的商即为所求.

设事件 $A=\{3$ 段可以构成一个三角形$\}$,其中两段长分别为 x,y,则第 3 段长为 $a-x-y$. 显然,3 段长都小于 a,两段长的和小于 a,即
$$0<x<a,0<y<a,0<x+y<a,$$
其围成的区域为 D.

又三段要构成三角形,应有两边之和大于第三边,即
$$x+y>a-x-y,x+a-x-y>y,y+a-x-y>x,$$
就是
$$0<x<\frac{a}{2},0<y<\frac{a}{2},x+y>\frac{a}{2},$$
其围成的区域为 D_A.

从而,求得区域为 D 的面积为:$S=\dfrac{1}{2}a^2$;

区域 D_A 的面积为:$S_A=\dfrac{1}{2}\times\dfrac{a}{2}\times\dfrac{a}{2}=\dfrac{1}{8}a^2$.

故所求的概率为
$$P(A)=\frac{S_A}{S}=\frac{\dfrac{1}{8}a^2}{\dfrac{1}{2}a^2}=\frac{1}{4}.$$

4. 运用加法公式计算概率

例 1.4.1   在 20 个电子元件中,有 15 个正品,5 个次品,从中任意抽取 4 个,问至少抽到 2 个次品的概率是多少?

解   设事件 $A=\{$抽到 2 个次品$\}$,$B=\{$抽到 3 个次品$\}$,$C=\{$抽到 4 个次品$\}$,$D=\{$至少抽到 2 个次品$\}$. 容易看出,A,B,C 互斥,由事件互斥的加法公式得

$$P(D)=P(A+B+C)=P(A)+P(B)+P(C)$$

$$=\frac{C_{15}^2 C_5^2}{C_{20}^4}+\frac{C_{15}^1 C_5^3}{C_{20}^4}+\frac{C_5^4}{C_{20}^4}=0.25.$$

例 1.4.2   袋中有红、白、黑球各一个,每次从袋中任取一个球,记录其颜色以后再放回袋中,这样连续 3 次(有放回地取),求 3 次都没有取到红球或 3 次都没有取到白球的概率.

解   设 $A=\{3$ 次都没有取到红球$\}$,$B=\{3$ 次都没有取到白球$\}$,所求事件的概率为 $P(A\cup B)$. 由加法公式 $P(A\cup B)=P(B)+P(A)-P(AB)$,其中 $P(A)=P(B)=\dfrac{2^3}{3^3}$,而 $AB=\{3$ 次都没有取到红球且 3 次都没有取到白球$\}=\{3$ 次取到黑球$\}$,于是 $P(AB)=\dfrac{1}{3^3}$,所以

$$P(A\cup B)=\frac{2^3}{3^3}+\frac{2^3}{3^3}-\frac{1}{3^3}=\frac{5}{9}.$$

5. 运用条件概率和乘法公式计算概率

例 1.5.1   设某种动物由出生算起活 20 岁以上的概率为 0.8,活 25 岁以上的概率为 0.6. 如果现在有一个 21 岁的这种动物,问它将在 25 岁之内死亡的概率是多少?

解   设 $A=\{$能活到 20 岁以上$\}$;$B=\{$能活到 25 岁以上$\}$,则所求的概率为 $P(\overline{B}|A)$.

按题意有,$P(A)=0.8$,$P(B)=0.6$. 由于 $B\subset A$,所以 $AB=B$. 因此

$$P(AB)=P(B)=0.6.$$

所求的条件概率为

$$P(\overline{B}|A)=1-P(B|A)=1-\frac{P(AB)}{P(A)}=1-\frac{0.6}{0.8}=0.25.$$

例 1.5.2　包装了的玻璃器皿第一次扔下被打破的概率为 0.4,若未破,第二次扔下被打破的概率为 0.6,若又未破,第三次扔下被打破的概率为 0.9. 求将这种包装了的器皿连续扔下三次而未打破的概率.

解法 1　设"第 i 次扔下器皿被打破"的事件为 $A_i(i=1,2,3)$,B 表示事件"扔下三次而未打破". 因为 $B=\overline{A}_1\overline{A}_2\overline{A}_3$,故有

$$P(B)=P(\overline{A}_1\overline{A}_2\overline{A}_3)=P(\overline{A}_1)P(\overline{A}_2|\overline{A}_1)P(\overline{A}_3|\overline{A}_1\overline{A}_2).$$

依题意知：　$P(A_1)=0.4,P(A_2|\overline{A}_1)=0.6,P(A_3|\overline{A}_1\overline{A}_2)=0.9,$

从而　　　　$P(\overline{A}_1)=0.6,P(\overline{A}_2|\overline{A}_1)=0.4,P(\overline{A}_3|\overline{A}_1\overline{A}_2)=0.1,$

于是　　　　　　　　$P(B)=0.6\times0.4\times0.1=0.024.$

解法 2　由于 $\overline{B}=A_1\bigcup\overline{A}_1A_2\bigcup\overline{A}_1\overline{A}_2A_3$,显然 $A_1,\overline{A}_1A_2,\overline{A}_1\overline{A}_2A_3$ 是互不相容的,故

$$\begin{aligned}
P(\overline{B})&=P(A_1)+P(\overline{A}_1A_2)+P(\overline{A}_1\overline{A}_2A_3)\\
&=P(A_1)+P(\overline{A}_1)P(A_2|\overline{A}_1)+P(\overline{A}_1)P(\overline{A}_2|\overline{A}_1)P(A_3|\overline{A}_1\overline{A}_2)\\
&=0.4+0.6\times0.6+0.6\times0.4\times0.9=0.976,
\end{aligned}$$

从而

$$P(B)=1-0.976=0.024.$$

6. 运用全概率公式计算概率

例 1.6.1　某工厂有 4 个车间生产同一种产品,其产量分别占总产量的 15%,20%,30% 和 35%,各车间的次品率依次为 0.05,0.04,0.03 及 0.02. 现在从出厂产品中任意取一件,问恰好抽到次品的概率是多少?

解　设 $A_i=\{$任取一件,恰取到第 i 车间的产品$\}$,$i=1,2,3,4$;$B=\{$任取一件,恰取到次品$\}$,则 A_1,A_2,A_3,A_4 为样本空间 S 的一个划分,依题意有

$$P(A_1)=\frac{15}{100},P(A_2)=\frac{20}{100},P(A_3)=\frac{30}{100},P(A_4)=\frac{35}{100},$$

$$P(B|A_1)=0.05,P(B|A_2)=0.04,P(B|A_3)=0.03,P(B|A_4)=0.02,$$

于是由全概率公式可得

$$P(B) = \sum_{i=1}^{n} P(A_i)P(B|A_i)$$

$$= \frac{15}{100} \times 0.05 + \frac{20}{100} \times 0.04 + \frac{30}{100} \times 0.03 + \frac{35}{100} \times 0.02$$

$$= 0.0315.$$

例 1.6.2 12 个乒乓球都是新球,每次比赛时取出 3 个用完后放回去,求第三次比赛时取到的 3 个球都是新球的概率.

解 设事件 A_i, B_i, C_i 分别表示第一、二、三次比赛时取到 $i(i=0,1,2,3)$ 个新球. 显然,$A_0 = A_1 = A_2 = \varnothing$,$A_3 = S$,并且 B_0, B_1, B_2, B_3 构成一个完备事件组. 根据概率的古典定义得

$$P(B_i) = \frac{C_9^i C_3^{3-i}}{C_{12}^3}, \quad i = 0,1,2,3;$$

$$P(C_3 | B_i) = \frac{C_{9-i}^3}{C_{12}^3}, \quad i = 0,1,2,3;$$

$$P(C_3) = \sum_{i=0}^{3} P(B_i)P(C_3 | B_i)$$

$$= \sum_{i=0}^{3} \frac{C_9^i C_3^{3-i}}{C_{12}^3} \cdot \frac{C_{9-i}^3}{C_{12}^3} \approx 0.146.$$

7. 运用逆概率公式计算概率

例 1.7.1 在例 1.6.1 中,若该厂规定,出了次品要追究有关各车间的经济责任. 现在出厂产品中任取一件,结果为次品,但该件产品是哪个车间生产的标志已经脱落,问这件次品由哪个车间生产的可能性最大?

解 从概率论的角度考虑,即要计算 $P(A_i | B)(i=1,2,3,4)$ 的大小.

由例 1.6.1 的题设与结果有

$$P(A_1) = \frac{15}{100}, P(A_2) = \frac{20}{100}, P(A_3) = \frac{30}{100}, P(A_4) = \frac{35}{100},$$

$$P(B|A_1) = 0.05, P(B|A_2) = 0.04, P(B|A_3) = 0.03, P(B|A_4) = 0.02,$$

于是由贝叶斯公式可得

$$P(A_1 \mid B) = \frac{P(A_1)P(B \mid A_1)}{\sum\limits_{j=1}^{4} P(A_j)P(B \mid A_j)} = \frac{0.15 \times 0.05}{0.031\,5} \approx 0.238,$$

$$P(A_2 \mid B) = \frac{P(A_2)P(B \mid A_2)}{\sum\limits_{j=1}^{4} P(A_j)P(B \mid A_j)} = \frac{0.20 \times 0.04}{0.031\,5} \approx 0.254,$$

$$P(A_3 \mid B) = \frac{P(A_3)P(B \mid A_3)}{\sum\limits_{j=1}^{4} P(A_j)P(B \mid A_j)} = \frac{0.30 \times 0.03}{0.031\,5} \approx 0.286,$$

$$P(A_4 \mid B) = \frac{P(A_4)P(B \mid A_4)}{\sum\limits_{j=1}^{4} P(A_j)P(B \mid A_j)} = \frac{0.35 \times 0.02}{0.031\,5} \approx 0.222.$$

所以该件产品是第 $1,2,3,4$ 车间生产的可能性分别为 $0.238,0.254,$ $0.286,0.222.$ 即这件次品由第 3 车间生产的可能性最大.

例 1.7.2　设患肺病的人经过检查,被查出的概率为 95%,而未患肺病的人经过检查,被误认为有肺病的概率为 2%;又设全城居民中患有肺病的概率为 0.04%,若从居民中随机抽一人检查,诊断为有肺病,求这个人确实患有肺病的概率.

解　以 A 表示某居民患肺病的事件,$\overline{A}$ 即表示无肺病.设 B 为检查后诊断为有肺病的事件,要求 $P(A \mid B).$ A 与 $\overline{A}$ 为样本空间 S 的一个划分,由贝叶斯公式可得

$$P(A \mid B) = \frac{P(A)P(B \mid A)}{P(A)P(B \mid A) + P(\overline{A})P(B \mid \overline{A})}.$$

由于

$$P(A) = 0.000\,4, \quad P(\overline{A}) = 0.999\,6,$$

$$P(B \mid A) = 0.95 \quad P(B \mid \overline{A}) = 0.02.$$

故

$$P(A \mid B) = \frac{0.000\,4 \times 0.95}{0.000\,4 \times 0.95 + 0.999\,6 \times 0.02} = 0.018\,7.$$

因此,虽然检验法相当可靠,但是一次随机检验诊断为有肺病的人确实患有肺病的可能性不大.

8. 运用事件的独立性计算概率

例 1.8.1 设每门高炮射击飞机的命中率为 0.6,现若干门高炮同时独立地对飞机进行一次射击,问欲以 0.99 的把握击中来犯的一架敌机,至少需要多少门高炮?

解 设 n 是以 0.99 的概率击中敌机所需要的高炮门数,并令 $A_i = \{$第 i 门高炮击中敌机$\}$, $i = 1, 2, \cdots, n$, $A = \{$敌机被击中$\}$,则

$$A = A_1 \bigcup A_2 \bigcup \cdots \bigcup A_n.$$

题设要求是要找最小的 n,使

$$P(A) = P(A_1 \bigcup A_2 \bigcup \cdots \bigcup A_n) \geqslant 0.99.$$

根据德摩根公式及独立性的性质有

$$P(A) = 1 - P(\overline{A}) = 1 - P(\overline{A_1 \bigcup A_2 \bigcup \cdots \bigcup A_n})$$
$$= 1 - P(\overline{A_1} \overline{A_2} \cdots \overline{A_n}) = 1 - P(\overline{A_1}) P(\overline{A_2}) \cdots P(\overline{A_n})$$
$$= 1 - (0.4)^n,$$

即要找出最小的 n,使

$$1 - (0.4)^n \geqslant 0.99,$$

则

$$(0.4)^n \leqslant 0.01, n \lg 0.4 \leqslant \lg 0.01,$$

所以

$$n \geqslant \frac{\lg 0.01}{\lg 0.4} \approx 5.026.$$

故至少需要 6 门高炮才能以 0.99 的把握击中敌机.

例 1.8.2 (可靠性问题)设有 6 个元件,每个元件的可靠度均为 0.9,且各元件能否正常工作是相互独立的.若按下列方式装配成附加通路系统 I(图 1-1(a))和附加元件系统 II(图 1-1(b)),试问哪个系统可靠度大?

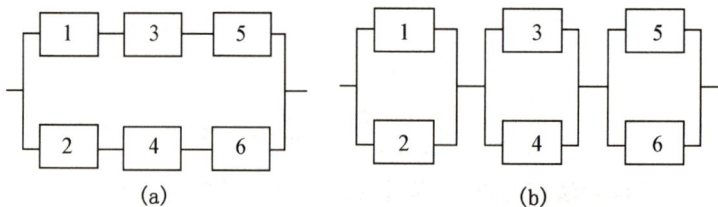

(a)   (b)

图 1-1

解 设 $A_i = \{$第 i 个元件能正常工作$\}$,则

$$P(A_i) = 0.9 \quad (i = 1, 2, 3, 4, 5, 6).$$

又设 $B_1 = \{$系统 I 能正常工作$\}$,$B_2 = \{$系统 II 能正常工作$\}$,要比较这两个系统可靠度大小,必须求出 $P(B_1)$ 和 $P(B_2)$.

考察系统 I:由于"串联系统能正常工作"等价于"这组 3 个元件都正常工作";"并联系统能正常工作"等价于"这两组至少有一组正常工作",因此 $B_1 = A_1 A_3 A_5 \bigcup A_2 A_4 A_6$,于是

$$
\begin{aligned}
P(B_1) &= P(A_1 A_3 A_5 \bigcup A_2 A_4 A_6) \\
&= P(A_1 A_3 A_5) + P(A_2 A_4 A_6) - P(A_1 A_2 A_3 A_4 A_5 A_6) \\
&= P(A_1) P(A_3) P(A_5) + P(A_2) P(A_4) P(A_6) - P(A_1) P(A_2) \cdots P(A_6) \\
&= (0.9)^3 + (0.9)^3 - (0.9)^6 = 0.926\,559.
\end{aligned}
$$

考察系统 II:同理可知 $B_2 = (A_1 \bigcup A_2)(A_3 \bigcup A_4)(A_5 \bigcup A_6)$. 可以证明,由 $A_1, A_2, \cdots, A_6$ 的相互独立,可推出 $(A_1 \bigcup A_2)$,$(A_3 \bigcup A_4)$,$(A_5 \bigcup A_6)$ 相互独立. 于是

$$
\begin{aligned}
P(B_2) &= P[(A_1 \bigcup A_2)(A_3 \bigcup A_4)(A_5 \bigcup A_6)] \\
&= P(A_1 \bigcup A_2) P(A_3 \bigcup A_4) P(A_5 \bigcup A_6) \\
&= [P(A_1) + P(A_2) - P(A_1) P(A_2)] \times \\
&\quad [P(A_3) + P(A_4) - P(A_3) P(A_4)] \times \\
&\quad [P(A_5) + P(A_6) - P(A_5) P(A_6)] \\
&= [2 \times 0.9 - (0.9)^2]^3 = 0.970\,299.
\end{aligned}
$$

可见 $P(B_2) > P(B_1)$,即附加元件系统 II 的可靠度比附加通路系统 I 的可靠度大.

例 1.8.3 假设有 4 个同样的球,其中 3 个球上分别标有数字 1,2,3,剩下的 1 个球上同时标有 1,2,3 三个数字. 现在从 4 个球中任取 1 个,以 A_i 表示 $\{$在取出的球上标有数字 $i\}$($i = 1, 2, 3$),求证 A_1, A_2, A_3 两两相互独立,但(总起来)不相互独立.

证 由题意知

$$P(A_1) = \frac{1}{2}, P(A_2) = \frac{1}{2}, P(A_3) = \frac{1}{2},$$

$$P(A_1 A_2) = P(A_1 A_3) = P(A_2 A_3) = \frac{1}{4}.$$

由于

$$P(A_1 A_2) = \frac{1}{4} = P(A_1) P(A_2),$$

$$P(A_1 A_3) = \frac{1}{4} = P(A_1) P(A_3),$$

$$P(A_2 A_3) = \frac{1}{4} = P(A_2) P(A_3),$$

所以 A_1, A_2, A_3 两两相互独立.

又由题意知 $P(A_1 A_2 A_3) = \frac{1}{4}$, 由于

$$P(A_1 A_2 A_3) = \frac{1}{4}, P(A_1) P(A_2) P(A_3) = \frac{1}{8},$$

有

$$P(A_1 A_2 A_3) \neq P(A_1) P(A_2) P(A_3),$$

所以 A_1, A_2, A_3 不相互独立.

9. 解伯努利概型问题

例 1.9.1　一批产品中,有 20% 的次品,进行重复抽样检查,共取 5 件样品,计算这 5 件样品中恰好有 3 件次品的概率.

解　设 A 为 5 件样品中恰好有 3 件次品的事件.

这里,重复抽样检查是五重伯努利试验,$n=5$,$p=0.2$,$q=1-p=0.8$,按二项概率公式,得

$$P(A_3) = C_5^3 (0.2)^3 (0.8)^2 = 0.051\ 2.$$

例 1.9.2　对某种药物的疗效进行研究,设该种药物对某种疾病有效率为 $p=0.8$,现有 10 名患此疾病的病人同时服用此药,求其中至少有 6 名病人服用有效的概率.

解　这是伯努利概型,$n=10$,$p=0.8$,记 $A=\{$至少有 6 名患者服药有效$\}$,则

$$P(A) = P_{10}(6) + P_{10}(7) + P_{10}(8) + P_{10}(9) + P_{10}(10)$$

$$= \sum_{k=6}^{10} C_{10}^k (0.8)^k (0.2)^{10-k} \approx 0.97.$$

§1.4　考研类型真题解析

一、填空题

例 1.1　设 $P(A) = 0.4, P(A \cup B) = 0.7$，那么

(1) 若 A, B 互不相容，则 $P(B) = $ _____；

(2) 若 A, B 相互独立，则 $P(B) = $ _____.

解　(1) 应填 0.3.

若 A, B 互不相容，则 $P(A \cup B) = P(A) + P(B)$，那么

$$P(B) = P(A \cup B) - P(A) = 0.3.$$

(2) 应填 0.5.

若 A, B 相互独立，则

$$P(A \cup B) = 1 - P(\overline{A \cup B}) = 1 - P(\overline{A})P(\overline{B}) = 1 - 0.6P(\overline{B}) = 0.7,$$

从而 $P(\overline{B}) = 0.5$，所以 $P(B) = 0.5$.

例 1.2　设 10 件产品中有 4 件不合格品，从中任取两件，已知所取两件中有一件是不合格品，则另一件也是不合格品的概率为 _____.

解　应填 $\dfrac{1}{5}$.

设事件 A 为"取两件产品中至少有一件是不合格品"，事件 B 为"取两件产品全是不合格品"，则

$$P(A) = 1 - P(\overline{A}) = 1 - \frac{C_6^2}{C_{10}^2} = 1 - \frac{1}{3} = \frac{2}{3},$$

所以

$$P(B \mid A) = \frac{P(AB)}{P(A)} = \frac{\dfrac{C_4^2}{C_{10}^2}}{\dfrac{2}{3}} = \frac{\dfrac{2}{15}}{\dfrac{2}{3}} = \frac{1}{5}.$$

例 1.3 设 A, B 是两个相互独立的事件, 且都不发生的概率为 $\frac{1}{9}$, A 发生 B 不发生的概率与 B 发生 A 不发生的概率相等, 则 $P(A) = $ _____.

解 应填 $\frac{2}{3}$.

据题意, 事件 A, B 相互独立, 且 $P(\overline{A}\,\overline{B}) = \frac{1}{9}$, $P(A\overline{B}) = P(\overline{A}B)$, 得

$$P(A)P(\overline{B}) = P(\overline{A})P(B) \Rightarrow P(A) = P(B),$$

因而

$$P(\overline{A}\,\overline{B}) = [1 - P(A)][1 - P(B)] = [1 - P(A)]^2 = \frac{1}{9},$$

所以

$$P(A) = \frac{2}{3}.$$

例 1.4 设两两相互独立的三个事件 A, B, C 满足条件: $ABC = \varnothing$, $P(A) = P(B) = P(C) < \frac{1}{2}$, 且已知 $P(A \cup B \cup C) = \frac{9}{16}$, 则 $P(A) = $ _____.

解 应填 $\frac{1}{4}$.

由于 A, B, C 两两相互独立, 且 $ABC = \varnothing$, $P(A) = P(B) = P(C) < \frac{1}{2}$, 所以

$$P(A \cup B \cup C) = P(A) + P(B) + P(C) - P(AB) -$$
$$P(AC) - P(BC) + P(ABC)$$
$$= 3P(A) - 3[P(A)]^2 = \frac{9}{16},$$

解得

$$P(A) = \frac{3}{4} \quad \text{或} \quad P(A) = \frac{1}{4}.$$

据题设有

$$P(A) = \frac{1}{4}.$$

二、选择题

例 1.5　若两事件 A,B 同时出现的概率 $P(AB)=0$,则(　　).

(A) A,B 互不相容

(B) AB 是不可能事件

(C) AB 未必是不可能事件

(D) $P(A)=0$ 或 $P(B)=0$

解　应选(C).

因为不可能事件 $\varnothing$ 的概率 $P(\varnothing)=0$,反之,$P(A)=0$ 就不一定保证 $A=\varnothing$.同理,必然事件 S 的概率 $P(S)=1$,反之,$P(B)=1$ 不能保证 $B=S$.因此,如果 A,B 互不相容,则必有 $P(AB)=0$,反之,$P(AB)=0$ 不能得出 A,B 互不相容的结论.

例 1.6　设 A,B 是任意两个概率不为零的不相容事件,则下列结论中肯定正确的是(　　).

(A) $\overline{A},\overline{B}$ 互不相容

(B) $\overline{A},\overline{B}$ 相容

(C) $P(AB)=P(A)P(B)$

(D) $P(A-B)=P(A)$

解　应选(D).

因为 $AB=\varnothing$,所以由 $\overline{AB}=\overline{A}\cup\overline{B}=S$,得不出 $\overline{A}\,\overline{B}=\varnothing$ 或 $\overline{A}\,\overline{B}\neq\varnothing$ 的结论,所以选项(A),(B)都不正确.选项(C)是 A,B 两事件相互独立的定义,也不正确.

例 1.7　设 $0<P(A)<1,0<P(B)<1,P(A|B)+P(\overline{A}|\overline{B})=1$,则(　　).

(A) A,B 互不相容

(B) A,B 互相对立

(C) A,B 不相互独立

(D) A,B 相互独立

解　应选(D).

当 $A_1,A_2,\cdots,A_n$ 相互独立时,则它们中的一部分事件也相互独立.它们中一部分事件换成各自的对立事件后仍独立.

例 1.8　对于任意二事件 A,B,与 $A\cup B=B$ 不等价的是(　　).

(A) $A\subset B$

(B) $\overline{B}\subset\overline{A}$

(C) $A\overline{B}=\varnothing$

(D) $\overline{A}B=\varnothing$

解　应选(D).

因为 $A \cup B = B$ 表明 $A \subset B \Leftrightarrow \overline{B} \subset \overline{A} \Leftrightarrow A\,\overline{B} = \varnothing$. 由于(A),(B),(C)三选项是相互等价的,故不可能是正确选项. 只有(D)是对的.

例 1.9　将一枚硬币独立地掷两次,引进事件:$A_1 = \{$掷第一次出现正面$\}$,$A_2 = \{$掷第二次出现正面$\}$,$A_3 = \{$正反面各出现一次$\}$,$A_4 = \{$正面出现两次$\}$,则事件(　　).

(A) A_1, A_2, A_3 相互独立　　　　(B) A_2, A_3, A_4 相互独立

(C) A_1, A_2, A_3 两两独立　　　　(D) A_2, A_3, A_4 两两独立

解　应选(C).

根据题意,A_1, A_2 是相互独立的,且

$$P(A_1) = P(A_2) = \frac{1}{2},$$

则

$$P(A_3) = P(A_1 \overline{A_2}) + P(\overline{A_1} A_2) = \frac{1}{2} \times \frac{1}{2} + \frac{1}{2} \times \frac{1}{2} = \frac{1}{2},$$

$$P(A_4) = P(A_1 A_2) = \frac{1}{2} \times \frac{1}{2} = \frac{1}{4}.$$

故

$$P(A_2 A_3) = P(A_2) P(A_3 \mid A_2) = \frac{1}{2} \times \frac{1}{2} = \frac{1}{4} = P(A_2) P(A_3),$$

$$P(A_1 A_3) = P(A_1) P(A_3 \mid A_1) = \frac{1}{2} \times \frac{1}{2} = \frac{1}{4} = P(A_1) P(A_3),$$

故 A_1, A_2, A_3 两两独立. 即(C)为正确选项.

然而,A_1, A_2, A_3 并不相互独立,因为

$$P(A_1 A_2 A_3) = P(A_1) P(A_2 \mid A_1) P(A_3 \mid A_1 A_2) = \frac{1}{2} \times \frac{1}{2} \times 0 = 0,$$

$$P(A_1) P(A_2) P(A_3) = \frac{1}{2} \times \frac{1}{2} \times \frac{1}{2} = \frac{1}{8},$$

故有

$$P(A_1 A_2 A_3) \neq P(A_1) P(A_2) P(A_3).$$

(B),(D)也是错误的. 因为

$$P(A_2 A_4) = P(A_2) P(A_4 \mid A_2) = \frac{1}{2} \times \frac{1}{2} = \frac{1}{4}$$

$$\neq P(A_2) P(A_4) = \frac{1}{2} \times \frac{1}{4} = \frac{1}{8},$$

因此，A_2，A_4 不相互独立.

三、解答题

例 1.10 考虑一元二次方程 $x^2 + Bx + C = 0$，其中 B, C 分别是将一枚骰子接连掷两次先后出现的点数，求该方程有实根的概率 p 和有重根的概率 q.

解 B, C 是均可取值 $1, 2, 3, 4, 5, 6$ 的随机变量，而且取任一值的可能性均为 $\frac{1}{6}$.

(1) 当 $B^2 - 4C \geqslant 0$，即 $B^2 \geqslant 4C$ 时，方程有实根，则其概率

$$p = P\{B=2, C=1\} + \sum_{k=1}^{2} P\{B=3, C=k\} + \sum_{k=1}^{4} P\{B=4, C=k\} +$$

$$\sum_{k=1}^{6} P\{B=5, C=k\} + \sum_{k=1}^{6} P\{B=6, C=k\}$$

$$= \frac{1}{6} \times \frac{1}{6} + \sum_{k=1}^{2} \frac{1}{6} \times \frac{1}{6} + \sum_{k=1}^{4} \frac{1}{6} \times \frac{1}{6} + \sum_{k=1}^{6} \frac{1}{6} \times \frac{1}{6} + \sum_{k=1}^{6} \frac{1}{6} \times \frac{1}{6} = \frac{19}{36}.$$

(2) 当 $B^2 - 4C = 0$，即 $B^2 = 4C$ 时，方程有重根，则其概率

$$q = P\{B=2, C=1\} + P\{B=4, C=4\} = \frac{1}{6} \times \frac{1}{6} + \frac{1}{6} \times \frac{1}{6} = \frac{1}{18}.$$

例 1.11 设一厂家生产的每台仪器，以概率 0.7 可以出厂，以概率 0.3 需进一步调试，经调试后合格能出厂的概率为 0.8，不合格不能出厂的概率为 0.2. 现该厂新生产了 $n(n \geqslant 2)$ 台仪器（假设各台仪器的生产过程相互独立）. 求：

(1) 全部能出厂的概率 α；

(2) 其中恰有两件不能出厂的概率 β；

(3) 其中至少有两件不能出厂的概率 θ.

解 关键是求出单台仪器能出厂的概率 p，它是两个概率之和，一是能直接出厂的概率，另一是经过调试能出厂的概率.

设 $A=\{$仪器需进一步调试$\},B=\{$仪器能出厂$\}$,则 $\overline{A}=\{$仪器能直接出厂$\},AB=\{$仪器经调试后能出厂$\}$.

由已知条件得,$B=\overline{A}+AB$.

因为　　　　　　　$P(A)=0.3,P(B|A)=0.8,$

所以　　　　$P(AB)=P(A)P(B|A)=0.3\times0.8=0.24.$

所以　　　　$p=P(B)=P(\overline{A})+P(AB)=0.7+0.24=0.94.$

设 X 为所生产的 n 台仪器中能出厂的台数,则 X 作为 n 次独立试验成功的次数,是伯努利概型问题,因此

(1) $\alpha=P\{X=n\}=C_n^n\times0.94^n\times0.06^0=0.94^n;$

(2) $\beta=P\{X=n-2\}=C_n^2\times0.94^{n-2}\times0.06^2;$

(3) $\theta=P\{X\leqslant n-2\}=1-P\{X=n-1\}-P\{X=n\}=1-n\times0.94^{n-1}-0.94^n.$

例 1.12　设有来自三个地区的各 10 名、15 名和 25 名考生的报名表,其中女生的报名表分别为 3 份、7 份和 5 份.随机地取一个地区的报名表,从中先后抽出两份.

(1) 求先抽取的一份是女生表的概率 p.

(2) 已知后抽到的一份是男生表,求先抽到的一份是女生表的概率 q.

解　设事件 B_j 为"第 j 次抽到的报名表是女生表"$(j=1,2)$,A_i 为"报名表是第 i 个地区的"$(i=1,2,3)$.

显然,A_1,A_2,A_3 构成一个完备事件组,且

$$P(A_i)=\frac{1}{3}(i=1,2,3),$$

$$P(B_1|A_1)=\frac{3}{10},P(B_1|A_2)=\frac{7}{15},P(B_1|A_3)=\frac{5}{25}.$$

(1) 应用全概率公式,知

$$p=P(B_1)=\sum_{i=1}^{3}P(A_i)P(B_1|A_i)=\frac{1}{3}\left(\frac{3}{10}+\frac{7}{15}+\frac{5}{25}\right)=\frac{29}{90}.$$

(2) 由于 $q=P(B_1|\overline{B_2})=\dfrac{P(B_1\overline{B_2})}{P(\overline{B_2})}$.需先计算

$$P(B_1\overline{B}_2) = \sum_{i=1}^{3} P(A_i)P(B_1\overline{B}_2 \mid A_i)$$

$$= \frac{1}{3}\left(\frac{3}{10} \cdot \frac{7}{9} + \frac{7}{15} \cdot \frac{8}{14} + \frac{5}{25} \cdot \frac{20}{24}\right) = \frac{20}{90},$$

由"抽签原理"可知 $P(\overline{B}_2) = P(\overline{B}_1) = \dfrac{61}{90}$，于是

$$q = P(B_1 \mid \overline{B}_2) = \frac{P(B_1\overline{B}_2)}{P(\overline{B}_2)} = \frac{20}{90} \cdot \frac{90}{61} = \frac{20}{61}.$$

四、证明题

例 1.13　设 A, B 是任意两个事件，其中 A 的概率不等于 0 和 1，证明：

$$P(B \mid A) = P(B \mid \overline{A})$$

是事件 A, B 独立的充分必要条件.

证　由于 A 的概率不等于 0 和 1，知题中两个条件概率都存在.

(1) 必要性. 由事件 A 与 B 独立，知事件 $\overline{A}$ 与 B 也独立，因此

$$P(B \mid A) = \frac{P(AB)}{P(A)} = \frac{P(A)P(B)}{P(A)} = P(B).$$

同样有，$P(B \mid \overline{A}) = P(B)$，从而 $P(B \mid A) = P(B \mid \overline{A})$.

(2) 充分性. 由 $P(B \mid A) = P(B \mid \overline{A})$，有

$$\frac{P(AB)}{P(A)} = \frac{P(\overline{A}B)}{P(\overline{A})} = \frac{P(B) - P(AB)}{1 - P(A)}.$$

即

$$P(AB)[1 - P(A)] = P(A)P(B) - P(A)P(AB).$$

从而有 $P(AB) = P(A)P(B)$，因此 A 与 B 独立.

§1.5　基础训练题

一、填空题

1. 设 A, B, C 是三个随机事件，试用 A, B, C 分别表示事件：

(1) A, B, C 至少有一个发生＿＿＿＿＿＿＿＿；

(2) A,B,C 中恰有一个发生＿＿＿＿＿＿＿＿；

(3) A,B,C 不多于一个发生＿＿＿＿＿＿＿＿．

2. 设 A,B 为随机事件，$P(A)=0.5,P(B)=0.6,P(B|A)=0.8$，则 $P(B\bigcup A)=$ ＿＿＿＿＿＿＿＿．

3. 若事件 A 和事件 B 相互独立，$P(A)=\alpha,P(B)=0.3,P(\overline{A}\bigcup B)=0.7$，则 $\alpha=$ ＿＿＿＿＿＿＿＿．

4. 将 C,C,E,E,I,N,S 等 7 个字母随机的排成一行，那么恰好排成英文单词 SCIENCE 的概率为＿＿＿＿＿＿＿＿．

5. 甲、乙两人独立的对同一目标射击一次，其命中率分别为 0.6 和 0.5，现已知目标被命中，则它是甲射中的概率为＿＿＿＿＿＿＿＿．

二、选择题

1. 设 A,B 为两随机事件，且 $B\subset A$，则下列式子正确的是(　　　)．

(A) $P(A+B)=P(A)$　　　　(B) $P(AB)=P(A)$

(C) $P(B|A)=P(B)$　　　　(D) $P(B-A)=P(B)-P(A)$

2. 设 A,B,C 是三个相互独立的事件，且 $0<P(C)<1$，则在下列给定的四对事件中不相互独立的是(　　　)．

(A) $\overline{A\bigcup B}$ 与 C　　　　(B) $\overline{AB}$ 与 $\overline{C}$

(C) $\overline{A-B}$ 与 $\overline{C}$　　　　(D) $\overline{AB}$ 与 $\overline{C}$

3. 袋中有 50 个乒乓球，其中 20 个黄的，30 个白的，现在两个人不放回地依次从袋中随机各取一球，则第二人取到黄球的概率是(　　　)．

(A) $\dfrac{1}{5}$　　　(B) $\dfrac{2}{5}$　　　(C) $\dfrac{3}{5}$　　　(D) $\dfrac{4}{5}$

4. 对于事件 A,B，下列命题正确的是(　　　)．

(A) 若 A,B 互不相容，则 $\overline{A}$ 与 $\overline{B}$ 也互不相容．

(B) 若 A,B 相容，那么 $\overline{A}$ 与 $\overline{B}$ 也相容．

(C) 若 A,B 互不相容，且概率都大于零，则 A,B 也相互独立．

(D) 若 A,B 相互独立，那么 $\overline{A}$ 与 $\overline{B}$ 也相互独立．

5. 若 $P(B|A)=1$，那么下列命题中正确的是(　　　)．

(A) $A \subset B$　　　(B) $B \subset A$　　　(C) $A - B = \varnothing$　(D) $P(A - B) = 0$

三、解答题

1. 10 把钥匙中有 3 把能打开门,今任意取 2 把,求能打开门的概率.

2. 任意将 10 本书放在书架上.其中有两套书,一套 3 本,另一套 4 本.求下列事件的概率:

(1) 3 本一套放在一起;

(2) 两套各自放在一起;

(3) 两套中至少有一套放在一起.

3. 调查某单位得知.购买空调的占 15%,购买电脑占 12%,购买 DVD 的占 20%;其中购买空调与电脑占 6%,购买空调与 DVD 占 10%,购买电脑和 DVD 占 5%,三种电器都购买占 2%.求下列事件的概率:

(1) 至少购买一种电器;

(2) 至多购买一种电器;

(3) 三种电器都没购买.

4. 仓库中有 10 箱同样规格的产品,已知其中有 5 箱、3 箱、2 箱依次为甲、乙、丙厂生产的,且甲厂、乙厂、丙厂生产的这种产品的次品率依次为 $\frac{1}{10}$, $\frac{1}{15}$, $\frac{1}{20}$.从这 10 箱产品中任取一件产品,求取得正品的概率.

5. 一箱产品,A, B 两厂生产分别各占 60% 和 40%,其次品率分别为 1% 和 2%.现在从中任取一件为次品,问此时该产品是哪个厂生产的可能性最大?

6. 有标号为 $1 \sim n$ 的 n 个盒子,每个盒子中都有 m 个白球 k 个黑球.从第一个盒子中取一个球放入第二个盒子,再从第二个盒子任取一球放入第三个盒子,依次继续,求从最后一个盒子取到的球是白球的概率.

四、证明题

设 A, B 是两个事件,满足 $P(B \mid A) = P(B \mid \overline{A})$,证明:事件 A, B 相互独立.

第2章 随机变量及其分布

§2.1 本章内容综述

2.1.1 随机变量的概念

设随机试验 E 的样本空间为 $S=\{e\}$，$X=X(e)$ 是定义在样本空间 S 上的实值单值函数. 称 $X=X(e)$ 为随机变量.

2.1.2 离散型随机变量及其分布

1. 离散型随机变量的概念

若随机变量 X 的所有可能的取值至多为可列个，则 X 称为离散型随机变量.

2. 离散型随机变量的分布列(律)

设离散型随机变量 X 所有可能的取值为 $x_k(k=1,2,3\cdots)$，事件 $\{X=x_k\}$ 的概率为

$$P\{X=x_k\}=p_k,k=1,2,3,\cdots$$

称为 X 的分布列(律)，分布列也可列成如下表格形式：

X	x_1	x_2	x_3	$\cdots$	x_k	$\cdots$
P	p_1	p_2	p_3	$\cdots$	p_k	$\cdots$

3. 分布列的性质

(1) $P_k\geqslant0,k=1,2,3,\cdots$

(2) $\displaystyle\sum_{k=1}^{\infty}P_k=1$

2.1.3　随机变量的分布函数

1. 分布函数的定义

设 X 是一个随机变量，x 是任意实数，函数

$$F(x) = P\{X \leqslant x\}$$

称为 X 的分布函数. 对于任意实数 $x_1, x_2 (x_1 < x_2)$，有

$$P\{x_1 < X \leqslant x_2\} = P\{X \leqslant x_2\} - P\{X \leqslant x_1\} = F(x_2) - F(x_1).$$

2. 分布函数的性质

(1) $F(x)$ 是一个不减函数

事实上，对于任意实数 $x_1, x_2 (x_1 < x_2)$，有

$$F(x_2) - F(x_1) = P\{x_1 < X \leqslant x_2\} \geqslant 0.$$

即 $F(x_2) \geqslant F(x_1)$.

(2) $0 \leqslant F(x) \leqslant 1$，且 $F(-\infty) = \lim\limits_{x \to -\infty} F(x) = 0$，

$$F(+\infty) = \lim\limits_{x \to +\infty} F(x) = 1.$$

(3) $F(x+0) = F(x)$，即 $F(x)$ 是右连续的.

利用分布函数可以求以下常见事件的概率：

(1) $P\{X \leqslant b\} = F(b)$；

(2) $P\{a < X \leqslant b\} = F(b) - F(a)$；

(3) $P\{X < b\} = F(b-0)$；

(4) $P\{X = b\} = F(b) - F(b-0)$；

(5) $P\{X > b\} = 1 - F(b)$；

(6) $P\{X \geqslant b\} = 1 - F(b-0)$.

2.1.4　连续型随机变量及其概率密度

1. 概率密度的定义

若对于随机变量 X 的分布函 $F(x)$，存在非负函数 $f(x)$，使对于任意实数 x 有

$$F(x) = P\{X \leqslant x\} = \int_{-\infty}^{x} f(t) \mathrm{d}t$$

则称 X 为连续型随机变量，其中函数 $f(x)$ 称为 X 的概率密度函数，简称概率

密度.

2. 概率密度的性质

(1) $f(x) \geqslant 0$;

(2) $\int_{-\infty}^{+\infty} f(x)\mathrm{d}x = 1$;

(3) 对于任意实数 $x_1, x_2 (x_1 \leqslant x_2)$, 有

$$P\{x_1 < X \leqslant x_2\} = P\{X \leqslant x_2\} - P\{X \leqslant x_1\} = F(x_2) - F(x_1) = \int_{x_1}^{x_2} f(x)\mathrm{d}x.$$

(4) 若 $f(x)$ 在点 x 处连续, 则有 $F'(x) = f(x)$. 从而有

$$f(x) = \lim_{\Delta x \to 0^+} \frac{F(x+\Delta x) - F(x)}{\Delta x} = \lim_{\Delta x \to 0^+} \frac{P\{x < X \leqslant x+\Delta x\}}{\Delta x}$$

即
$$P\{x < X \leqslant x+\Delta x\} \approx f(x) \cdot \Delta x$$

应注意以下几个问题:

(1) 离散型随机变量 X 在其可能取值的点 $x_1, x_2, \cdots, x_k, \cdots$ 上的概率不为零, 而连续型随机变量 X 在 $(-\infty, +\infty)$ 内任一点 a 的概率恒为零. 即

$$P\{X = a\} = \int_a^a f(x)\mathrm{d}x = 0.$$

(2) 连续型随机变量 X 在任一区间内上取值的概率与是否包括区间端点无关, 即

$$P\{a < X \leqslant b\} = P\{a \leqslant X \leqslant b\} = P\{a < X < b\} = P\{a \leqslant X < b\}$$

$$= F(b) - F(a) = \int_a^b f(x)\mathrm{d}x.$$

(3) 密度函数 $f(x)$ 在某一点处的值, 并不表示 X 在此点处的概率, 而表示 X 在此点处概率分布的密集程度.

(4) 根据定积分的几何意义, 概率 $P\{a < X < b\}$ 就是概率密度曲线 $y = f(x), x = a, x = b$ 和 x 轴围成的曲边梯形的面积.

(5) 离散型随机变量的分布函数 $F(x)$ 是右连续的阶梯函数, 而连续型随机变量的分布函数 $F(x)$ 一定是整个数轴上的连续函数. 因为对于任意点 x 的增量 Δx, 相应分布函数的增量总有

$$F(x + \Delta x) - F(x) = \int_x^{x+\Delta x} f(x)\mathrm{d}x \to 0 \quad (\Delta x \to 0).$$

2.1.5　随机变量函数的分布

1. 随机变量函数的概念

设 $y = g(x)$ 是一个实函数，X,Y 是随机变量，如果 X 取值 x 时，Y 取值 $g(x)$，则称 Y 为随机变量 X 的函数，记作 $Y = g(X)$.

2. 离散型随机变量函数的分布

设 X 是离散型的随机变量，其概率分布为：

X	x_1	x_2	x_3	$\cdots$	x_k	$\cdots$
P	p_1	p_2	p_3	$\cdots$	p_k	$\cdots$

$Y = f(X)$ 也是一个离散型随机变量，记 $y_i = f(x_i)$ $(i = 1, 2, \cdots)$. 如果所有 y_i 的值互不相等，则 Y 的概率分布为

Y	y_1	y_2	$\cdots$	y_k
$P\{y = y_i\}$	p_1	p_2	$\cdots$	p_k

这是因为 $P\{Y = y_i\} = P\{X = x_i\}, i = 1, 2, \cdots$ 的缘故.

当 $f(x_1), f(x_2), \cdots, f(x_k) \cdots$ 不是互不相等时，应把那些相等值分别合并，并根据概率加法公式把相应 p_i 相加，就得到 Y 的概率分布.

3. 连续型随机变量函数的分布

1) 分布函数法

设 X 是连续型的随机变量，其概率密度为 $f_X(x)$，分布函数为 $F_X(x)$（不必已知）那么随机变量 X 的函数 $Y = g(X)$ 的分布函数 $F_Y(y)$ 与概率密度 $f_Y(y)$ 可按下列步骤求出：

（1）对任意一个 y，求出

$$F_Y(y) = P\{Y \leqslant y\} = P\{g(X) \leqslant y\} = P\{X \in S_y\} = \int_{S_y} f_X(x)\mathrm{d}x.$$

其中，$S_y = \{x \mid g(x) \leqslant y\}$ 往往是一个或若干个与 y 有关的区间的并；

（2）按分布函数的性质写出 $F_Y(y)$，$-\infty < y < +\infty$；

（3）通过对 $F_Y(y)$ 的变量 y 求导得到 $f_Y(y)$，$-\infty < y < +\infty$.

我们称这种方法为"分布函数法".

2）用公式法求概率密度

定理 2.1　设随机变量 X 具有概率密度 $f(x)$, $-\infty < x < +\infty$, 又设函数 $g(x)$ 处处可导且恒有 $g'(x) > 0$（或恒有 $g'(x) < 0$）, $g(x)$ 的反函数为 $h(y)$, 则 $Y = g(X)$ 是连续型随机变量, 其概率密度为：

$$f_Y(y) = \begin{cases} f[h(y)]|h'(y)| & \alpha < y < \beta \\ 0 & \text{其他} \end{cases}$$

其中 $\alpha = \min\{g(-\infty), g(+\infty)\}$, $\beta = \max\{g(-\infty), g(+\infty)\}$.

2.1.6　常用离散型随机变量的分布

1. 0—1 分布（两点分布）

1）0—1 分布（两点分布）的分布律

若随机变量 X 只取 0 和 1 两个值, 其分布律为

$$P(X=k) = p^k(1-p)^{1-k}, k=0, 1, (0 < p < 1),$$

则称 X 服从以 p 为参数的 0—1 分布. 记为 $X \sim B(1, p)$.

0—1 分布的分布律也可写成

X	1	0
P	p	$1-p$

一般情况下, 只有两个可能取值的随机变量所服从的分布, 称为两点分布. 其分布律为

$$P(X=x_k) = p_k \quad (k=1, 2)$$

2. 二项分布

1）二项分布的分布律

若随机变量 X 的取值为 $0, 1, 2, \cdots, n$ 且

$$P(X=k) = C_n^k p^k q^{n-k}, k=0, 1, 2, \cdots, n$$

其中 $0 < p < 1$, $p+q=1$, 则称 X 服从以 n, p 为参数的二项分布或贝努利分布, 记为 $X \sim B(n, p)$.

特别, 当 $n=1$ 时二项分布为 $P(X=k) = p^k q^{1-k}, k=0, 1$. 这就是 0—1

分布.

2) 二项分布的最可能值

在 n 重贝努力试验中,事件 A 发生的次数 X 是随机变量,而 $X \sim B(n, p)$. 我们称使概率 $P(X = k)$ 取得最大值时的 k 值为二项分布的最可能值. 记为 k_0,由

$$k_0 = \begin{cases} (n+1)p-1 \text{ 和 } (n+1)p, n \in \mathbf{N} \\ [(n+1)p], n \notin \mathbf{N} \end{cases}.$$

3. 泊松分布

1) 泊松分布的分布律

若随机变量 X 所有可能取值为 $0, 1, 2, \cdots,$ 而

$$P(X = k) = \frac{\lambda^k}{k!} \mathrm{e}^{-\lambda}, k = 0, 1, 2, \cdots,$$

其中 $\lambda > 0$ 是常数,则称 X 服从参数为 λ 的泊松分布,记为 $X \sim \pi(\lambda)$,或记为 $X \sim P(\lambda)$.

2) 二项分布与泊松分布的关系

$$P(X = k) = C_n^k p^k (1-p)^{n-k} \approx \frac{\lambda^k}{k!} \mathrm{e}^{-\lambda}$$

4. 几何分布

1) 几何分布的分布律

在独立重复试验中,事件 A 发生的概率为 p, A 的对立事件 $\overline{A}$ 发生的概率为 q. 设 X 为直到 A 发生为止所进行的试验次数,显然 X 的取值是全体正整数,则其分布为

$$P\{X = k\} = q^{k-1} p, k \geqslant 1$$

记为 $X \sim g(k, p)$. 分布 $g(k, p)$ 称为几何分布.

2) 几何分布的无记忆性

设 $X \sim g(k, p)$,则对任何两个正数 m, n,有

$$P\{X > m+n \mid X > m\} = P\{X > n\}.$$

2.1.7　常用连续型随机变量的分布

1. 均匀分布

1) 均匀分布的概念

设连续型随机变量 X 的概率密度为

$$f(x)=\begin{cases} \dfrac{1}{b-a} & a<x<b \\ 0 & \text{其他} \end{cases},$$

则称 X 服从区间 (a,b) 上的均匀分布,记作 $X\sim U(a,b)$.

2) 均匀分布的分布函数

设 $X\sim U(a,b)$,其分布函数为

$$F(x)=\begin{cases} 0 & x<a \\ \dfrac{x-a}{b-a} & a\leqslant x<b. \\ 1 & x\geqslant b \end{cases}$$

2. 指数分布

1) 指数分布的概念

设连续型随机变量 X 具有概率密度

$$f(x)=\begin{cases} \dfrac{1}{\theta}\mathrm{e}^{-\frac{x}{\theta}} & x>0 \\ 0 & \text{其他} \end{cases}.$$

其中 $\theta>0$ 为常数,则称 X 服从参数为 θ 的指数分布,记作 $X\sim E(\theta)$. 其 X 的分布函数为

$$F(x)=\begin{cases} 1-\mathrm{e}^{-\frac{x}{\theta}} & x>0 \\ 0 & \text{其他} \end{cases}.$$

2) 指数分布的性质

指数分布具有无记忆性,即对于任意的 $s,t>0$,有

$$P\{X>s+t\,|\,X>s\}=P\{X>t\}$$

3. 正态分布

1）一般正态分布

设连续型随机变量 X 具有概率密度

$$f(x) = \frac{1}{\sqrt{2\pi}\sigma} e^{-\frac{(x-\mu)^2}{2\sigma^2}} \quad -\infty < x < +\infty,$$

称随机变量 X 服从参数为 μ, σ^2 的正态分布（或高斯（Gauss）分布），记作 $X \sim N(\mu, \sigma^2)$，其中 $-\infty < \mu < +\infty, \sigma > 0$. 其 X 的分布函数为：

$$F(x) = P\{X \leqslant x\} = \frac{1}{\sqrt{2\pi}\sigma} \int_{-\infty}^{x} e^{-\frac{(t-\mu)^2}{2\sigma^2}} dt.$$

2）密度函数 $f(x)$ 的性质

（1）$f(x)$ 在 $(-\infty, +\infty)$ 内处处连续.

（2）$f(\mu-x) = f(\mu+x)$，即图象关于 $x = \mu$ 对称.

$$P\{\mu - h < X \leqslant \mu\} = P\{\mu < X \leqslant \mu + h\}, h > 0.$$

（3）$f(x)$ 在点 $x = \mu$ 处有最大值 $f(\mu) = \dfrac{1}{\sqrt{2\pi}\sigma}$.

（4）离 μ 越远，对应的函数值越小.

（5）$f(x)$ 在点 $x = \mu \pm \sigma$ 处有拐点.

（6）x 轴为 $f(x)$ 的水平渐近线.

（7）μ 决定曲线位置，但 μ 对曲线形态无影响.

（8）σ 决定曲线形态，但 σ 对曲线位置无影响，σ 越大，曲线越平坦；σ 越小，曲线越陡峭.

3）标准正态分布

在一般正态分布中，当 $\mu = 0, \sigma^2 = 1$ 时，称 X 服从标准正态分布. 记为 $X \sim N(0, 1)$.

其密度函数为 $\quad \varphi(x) = \dfrac{1}{\sqrt{2\pi}} e^{-\frac{x^2}{2}}, -\infty < x < +\infty.$

分布函数分别为 $\Phi(x) = \displaystyle\int_{-\infty}^{x} \frac{1}{\sqrt{2\pi}} e^{-\frac{t^2}{2}} dt, -\infty < x < +\infty.$

由于 $N(0, 1)$ 的概率密度是一个偶函数，因此

(1) $\Phi(-x)=\Phi(x)$;

(2) $\Phi(-x)=1-\Phi(x)$;

(3) $\Phi(0)=\dfrac{1}{2}$.

4) 标准正态分布概率的计算

设随机变量 $X\sim N(0,1)$,则 X 取值的概率可利用标准正态分布表进行计算. 具体方法如下:

(1) 表中的取值范围为 $[0,4]$,对于 $x\geqslant 4$ 的情况,可取 $\Phi(x)=1$;

(2) 对于 $P\{X\leqslant x\}=\begin{cases}\Phi(x) & x>0 \\ \dfrac{1}{2} & x=0 ; \\ 1-\Phi(x) & x<0\end{cases}$

(3) $P\{X\geqslant x\}=1-\Phi(x)$;

(4) $P\{a\leqslant X\leqslant b\}=\Phi(b)-\Phi(a)$;

(5) $P\{|X|\leqslant x\}=2\Phi(x)-1$;

(6) $P\{|X|>x\}=P\{X>x\}+P\{X<-x\}=2[1-\Phi(x)]$.

5) 一般正态分布的标准化

定理 2.2 若 $X\sim N(\mu,\sigma^2)$,则 $Z=\dfrac{X-\mu}{\sigma}\sim N(0,1)$.

其分布函数 $F(x)$ 为

$$F(x)=P\{X\leqslant x\}=P\left\{\frac{X-\mu}{\sigma}\leqslant\frac{x-\mu}{\sigma}\right\}=\Phi\left(\frac{x-\mu}{\sigma}\right).$$

6) 正态分布线性函数的分布

定理 2.3 设随机变量 $X\sim N(\mu,\sigma^2)$,$Y=aX+b$,a,b 为常数,且 $a\neq 0$,则 $Y\sim N(a\mu+b,a^2\sigma^2)$.

4. 伽玛分布

1) 伽玛函数

称函数

$$\Gamma(\alpha)=\int_0^{+\infty}x^{\alpha-1}\mathrm{e}^{-x}\mathrm{d}x$$

为伽玛函数,其中参数 $\alpha>0$. 伽玛函数具有如下性质:

(1) $\Gamma(1)=1,\Gamma\left(\dfrac{1}{2}\right)=\sqrt{\pi}$;

(2) $\Gamma(\alpha+1)=\alpha\Gamma(\alpha)$. 当 α 为自然数 n 时,有 $\Gamma(n+1)=n\Gamma(n)=n!$.

2) 伽玛分布

若随机变量 X 的密度函数为

$$f(x)=\begin{cases} \dfrac{\lambda^{\alpha}}{\Gamma(\alpha)}x^{\alpha-1}\,\mathrm{e}^{-\lambda x} & x\geqslant 0 \\ 0 & x<0 \end{cases}.$$

则称 X 服从伽玛分布,记作 $X\sim\Gamma(\alpha,\lambda)$,其中 $\alpha>0$ 为形状参数,$\lambda>0$ 为尺度参数.

§2.2　释疑解惑

1. 随机变量与普通函数有何不同? 引入随机变量有什么意义?

答　随机变量是在随机试验的样本空间 S 上,对每一个 $e\in S$,给予一个实数 $X(e)$ 与之对应而得到的一个实值单值函数. 从定义可以认识到:普通函数的取值是按一定法则给定的,而随机变量的取值是由统计规律性给出的,具有随机性;又普通函数的定义域是一个区间,而随机变量的定义域是样本空间. 这两点是二者的主要区别.

引入随机变量是研究随机现象统计规律性的需要. 为了便于数学推理和计算,有必要将随机试验的结果数量化,使得可以用高等数学课程中的理论与方法来研究随机试验,研究和分析其结果的规律性,因此,随机变量是研究随机试验的重要而有效的工具.

2. 二项分布和泊松分布之间有一种什么关系? 在什么条件下有这种关系?

答　二项分布和泊松分布都是重要的离散型随机变量的概率分布. 有时,他们的概率计算会十分繁冗. 当试验次数 n 很大时,可以推导出这两个分布间有一种近似关系式

$$\mathrm{C}_n^k p^k (1-p)^{n-k} \approx \frac{\lambda^k \mathrm{e}^{-\lambda}}{k!}.$$

这里,要求 n 很大时成立.实际使用时,$n \geqslant 20$ 即可,当 $n \geqslant 50$ 时,效果更好.而泊松分布可通过查表计算,比较简单.

3.连续型随机变量的 $f(x)\mathrm{d}x$ 与离散型随机变量的 p_k 在概率中的意义是否相同?

答 相同.在离散型随机变量 X 中,随机变量 X 的取值点是离散的点,p_k 是 X 取某一 x_k 时的概率.而在连续型随机变量 X 时,X 取某一值 x 的概率为 0;在小区间 $[x, x+\mathrm{d}x]$ 上的概率为 $\int_x^{x+\mathrm{d}x} f(x)\mathrm{d}x$,由定积分中值定理有 $P \approx f(x)\mathrm{d}x$.当对连续型随机变量离散化时,$f(x)\mathrm{d}x$ 与 p_k 的意义是相同的,同样描述了随机变量的分布情况.

4.为什么 $P\{X=a\}=0$ 不能说明 $X=a$ 是不可能事件?

答 因为,若 $P\{X=a\}=0$,则有两种可能.对离散型随机变量,$P\{X=a\}=0$ 时,$X=a$ 必然是不可能事件,但是,对连续型随机变量,任一点上的概率都等于零,这由 $P\{x<X \leqslant x+\mathrm{d}x\} \approx f(x)\mathrm{d}x$,当 $\mathrm{d}x \to 0$ 时,$P \to 0$ 可以得知,所以 $P\{X=a\}=0$ 不能说明 $X=a$ 是不可能事件.

5.不同的随机变量,它们的分布函数是否一定不同?

答 否,可以相同.

例如,进行投篮试验时,设投中与没中等可能发生,可以令

$$X_1 = \begin{cases} 1 & \text{投中} \\ -1 & \text{没中} \end{cases} \quad \text{或} \quad X_2 = \begin{cases} -1 & \text{投中} \\ 1 & \text{没中} \end{cases}$$

X_1 与 X_2 是两个不同的随机变量,表现为对应法则的不同.但是它们有相同的分布函数

$$F(x) = \begin{cases} 0 & x < -1 \\ 1/2 & -1 \leqslant x < 1. \\ 1 & x \geqslant 1 \end{cases}$$

6.为什么分布函数 $F(x)$ 定义为右连续?

答 定义左连续或者右连续只是一种习惯.目前,俄罗斯和东欧国家一般

定义左连续;西欧和美国一般定义右连续;我国的大多数书籍也采用右连续.
左连续和右连续的区别在于计算 $F(x)$ 时,$X=x$ 点的概率是否计算在内.对
于连续型随机变量而言,因为一点上的概率等于零,定义左连续和右连续没有
什么区别;对于离散型随机变量,如果 $P\{X=x\}\neq0$,则左连续和右连续时的
$F(x)$ 值就不相同了.因此,读者在阅读关于概率论的参考书时,要注意作者是
定义左连续还是右连续,以免出错.

7. 怎样判别随机变量的类型?

答　分布函数完整地描述了随机变量的统计规律,因此可以通过随机变
量的分布函数来判别随机变量的类型.离散型随机变量的分布函数 $F(x)$ 是右
连续的,即 $F(x+0)=F(x)$,且 $F(x)$ 在 $x=x_k$ 处有跳跃值;而连续型随机变
量的分布函数是连续函数.

**8. 离散型随机变量的函数是否一定是离散型随机变量? 连续型随机变
量的函数是否一定是连续型随机变量?**

答　离散型随机变量的函数也是离散型随机变量,因为它能取有限多个
或可列无限多个值.连续型随机变量的函数可以是连续型的,也可以是离散型
的,甚至可以是既非连续型又非离散型的.

9. 为什么正态分布是概率论中最重要的分布?

答　所谓正态分布,即正常状态下的分布,它表现为其取值具有对称性,
极大部分取值集中在以对称点为中心的一个小区间内,只有少量取值落在区
间外.如人的身体特征指标(身高、体重),学习成绩,产品的数量指标等等都服
从正态分布.许多较复杂的指标,只要在受到大量因素作用下每个因素的影响
都不显著,且因素相互独立,也可认为近似服从正态分布.又如二项分布、泊松
分布、t 分布在 n 很大时,也以正态分布为极限分布.因此,可以说正态分布是
最重要的分布.

§2.3　典型问题解析

1. 求一维离散型随机变量的分布律

例 2.1.1　有 10 双不同的鞋子,丢了 6 只,求还剩完整的鞋子双数 X 的概率分布.

解　还剩完整的鞋子双数 X 是一随机变量,因有 10 双不同的鞋子,丢了 6 只,所以还剩完整的鞋子双数 X 的可能取值为:4,5,6,7. 从 20 中只鞋中取 6 只的取法有 C_{20}^6 种,由此计算得相应的概率为:

(1) $X=4$ 这一事件所含的样本点为 $C_{10}^6 2^6$,即先从 10 双鞋中取 6 双有 C_{10}^6 种取法,再从每双中取 1 只有 2^6 种取法. 所求概率 $P(X=4)=\dfrac{C_{10}^6 2^6}{C_{20}^6}$.

(2) $X=5$ 这一事件所含的样本点为 $C_{10}^1 C_9^4 2^4$,即先从 10 双鞋中取 1 双有 C_{10}^1 种取法,再从余下的 9 双中取 4 双有 C_9^4 取法,然后从 4 双中每双中取 1 只有 2^4 种取法. 所求概率 $P(X=5)=\dfrac{C_{10}^1 C_9^4 2^4}{C_{20}^6}$.

(3) $X=6$ 这一事件所含的样本点为 $C_{10}^2 C_8^2 2^2$,即先从 10 双鞋中取 2 双有 C_{10}^2 种取法,再从余下的 8 双中取 2 双有 C_8^2 取法,然后从 2 双中每双中取 1 只有 2^2 种取法. 所求概率 $P(X=6)=\dfrac{C_{10}^2 C_8^2 2^2}{C_{20}^6}$.

(4) $X=7$ 这一事件所含的样本点为 C_{10}^3,即从 10 双鞋中取 3 双有 C_{10}^3 种取法. 所求概率 $P(X=7)=\dfrac{C_{10}^3}{C_{20}^6}$.

于是得到随机变量 X 的概率分布为:

X	4	5	6	7
p_k	$\dfrac{C_{10}^6 2^6}{C_{20}^6}$	$\dfrac{C_{10}^1 C_9^4 2^4}{C_{20}^6}$	$\dfrac{C_{10}^2 C_8^2 2^2}{C_{20}^6}$	$\dfrac{C_{10}^3}{C_{20}^6}$
	≈ 0.347	≈ 0.520	≈ 0.130	≈ 0.003

例 2.1.2　进行复独立试验,设每次试验成功的概率为 p,失败的概率为 $q=1-p(0<p<1)$.

(1) 将试验进行到出现 1 次成功为止,以 X 表示所允许的试验次数,求 X 的分布律(此时 X 服从以 p 为参数的几何分布);

(2) 将试验进行到出现 r 次成功为止,以 Y 表示所允许的试验次数,求 Y 的分布律(此时 Y 服从以 r,p 为参数的巴斯卡分布);

(3) 一篮球运动员的投篮命中率为 45%,以 X 表示他首次投中时累计的次数,求 X 的分布律,并计算 X 取偶的概率.

解　(1)当第一次成功出现在第 k 次时,前 $k-1$ 次不成功,所以
$$P(X=k)=q^{k-1}p,k=1,2,\cdots.$$

(2) 当第 r 次成功出现在第 k 次时,即 $Y=k$,则前 $k-1$ 次有 $r-1$ 次成功,所以 Y 的分布律为
$$P(Y=k)=p\mathrm{C}_{k-1}^{r-1}p^{r-1}q^{k-r},k=r,r+1,\cdots.$$

(3) 设第一次投中出现在第 k 次,由(1),有 X 的分布律为
$$P(X=k)=0.55^{k-1}\times0.45,k=1,2,\cdots.$$

X 取偶的概率为
$$
\begin{aligned}
P\{X\text{ 取偶}\}&=\sum_{k=1}^{+\infty}P\{X=2k\}=\sum_{k=1}^{+\infty}0.45\times0.55^{2k-1}\\
&=0.45\times0.55\sum_{k=0}^{+\infty}0.55^{2k}=0.45\times0.55\times\frac{1}{1-0.55^2}\\
&=\frac{11}{31}.
\end{aligned}
$$

例 2.1.3　某人用钥匙开门,共有 9 把钥匙,其中仅一把能打开门.一天晚上他回家很黑,他就随机地每次选取一把钥匙开门,假设取每一把钥匙开门的概率都是 $\frac{1}{9}$,求第 X 次能打开门的概率分布.

解　设第 X 次打开了门,则 X 是随机变量,X 的所有取值为 $1,2,\cdots,9$. 又每一把钥匙打开门的概率为 $p=\frac{1}{9}$,从而所求概率分布为:

$$P(X=k)=\left(1-\frac{1}{9}\right)^{k-1}\cdot\frac{1}{9},k=1,2,\cdots,9.$$

例 2.1.4　一房间有三扇同样大小的窗户,其中只有一扇是打开的.有一只鸟自打开着的窗户飞入房间,它只能从开着的窗户飞出去.鸟在房间里飞来飞去,试图飞出房间.假定鸟是没有记忆的,鸟飞向各扇窗户是随机的.

(1) 以 X 表示鸟为了飞出房间试飞的次数,求 X 的分布律.

(2) 户主声称,他养的一只鸟是有记忆的,它飞向任一扇窗户的尝试不多于一次.以 Y 表示这只聪明的鸟为了飞出房间试飞的次数,如果户主所说的是确实的,试求 Y 的分布律.

(3) 求试飞次数 X 小于 Y 的概率;求试飞次数 Y 小于 X 的概率.

解　(1) X 的所有可级取值为 $1,2,3,\cdots$."$X=1$"表示第一次就飞出;"$X=2$"表示第一次没飞出,第二次飞出;等等.则

$$P\{X=1\}=\frac{1}{3},P\{X=2\}=\frac{2}{3}\times\frac{1}{3},P\{X=3\}=\left(\frac{2}{3}\right)^{2}\times\frac{1}{3},\cdots,$$

故
$$P\{X=k\}=\left(\frac{2}{3}\right)^{k-1}\times\frac{1}{3},k=1,2,3,\cdots.$$

(2) Y 的所有可级取值为 $1,2,3$.由题意,鸟是有记忆的,则鸟第一次没飞出,第二次飞出的可能性为 $\frac{1}{2}$;第二次没飞出,第三次必飞出.则有

$$P\{Y=1\}=\frac{1}{3},P\{Y=2\}=\frac{2}{3}\times\frac{1}{2}=\frac{1}{3},P\{Y=3\}=\frac{2}{3}\times\frac{1}{2}\times1=\frac{1}{3}.$$

故分布律为:

Y	1	2	3
p_k	$\frac{1}{3}$	$\frac{1}{3}$	$\frac{1}{3}$

$$P\{X<Y\}=P\{X=1\}P\{Y=2\}+P\{X=1\}P\{Y=3\}+$$
$$P\{X=2\}P\{Y=3\}$$
$$=\frac{1}{3}\times\frac{1}{3}+\frac{1}{3}\times\frac{1}{3}+\frac{2}{9}\times\frac{1}{3}=\frac{8}{27};$$
$$P\{Y<X\}=P\{Y=1\}(P\{X=2\}+P\{X=3\}+\cdots)+$$

$$P\{Y=2\}(P\{X=3\}+P\{X=4\}+\cdots)+$$

$$P\{Y=3\}(P\{X=4\}+P\{X=5\}+\cdots)$$

$$=\frac{1}{3}\left[\frac{1}{3}\left(\frac{2}{3}\right)+\frac{1}{3}\left(\frac{2}{3}\right)^2+\cdots\right]+\frac{1}{3}\left[\frac{1}{3}\left(\frac{2}{3}\right)^2+\frac{1}{3}\left(\frac{2}{3}\right)^3+\cdots\right]+$$

$$\frac{1}{3}\left[\frac{1}{3}\left(\frac{2}{3}\right)^3+\frac{1}{3}\left(\frac{2}{3}\right)^4+\cdots\right]=\frac{38}{81}.$$

2. 已知离散型随机变量的分布律求分布函数

例 2.2.1　设随机变量 X 的概率分布表为

X	-1	$\frac{1}{2}$	2	3
p_k	$\frac{1}{4}$	$\frac{1}{3}$	$\frac{1}{6}$	$\frac{1}{4}$

（1）求随机变量 X 的分布函数；

（2）求概率 $P\left(X\geqslant\frac{1}{2}\right),P\left(0<X\leqslant\frac{5}{2}\right),P\{-1\leqslant X\leqslant2\}.$

解　（1）按照分布函数的定义,用公式 $F(x)=P(X\leqslant x)=\sum\limits_{x_k\leqslant x}P(X=x_k)=\sum\limits_{x_k\leqslant x}p_k$

有：

当 $x<-1$ 时,$F(x)=P(X\leqslant x)=P(X<-1)=0$；

当 $-1\leqslant x<\frac{1}{2}$ 时,$F(x)=P(X\leqslant x)=P\left(X<\frac{1}{2}\right)=P(X=-1)=\frac{1}{4}.$

当 $\frac{1}{2}\leqslant x<2$ 时,$F(x)=P(X\leqslant x)=P(X<2)$

$$=P(X=-1)+P\left(X=\frac{1}{2}\right)=\frac{1}{4}+\frac{1}{3}=\frac{7}{12};$$

当 $2\leqslant x<3$ 时,$F(x)=P(X\leqslant x)=P(X<3)$

$$=P(X=-1)+P\left(X=\frac{1}{2}\right)+P(X=2)$$

$$=\frac{1}{4}+\frac{1}{3}+\frac{1}{6}=\frac{3}{4};$$

当 $x \geqslant 3$ 时，$F(x) = P(X \leqslant x) = P(X < +\infty)$

$$= P(X=-1) + P\left(X=\frac{1}{2}\right) + P(X=2) + P(X=3)$$

$$= \frac{1}{4} + \frac{1}{3} + \frac{1}{6} + \frac{1}{4} = 1$$

于是随机变量 X 的分布函数为：

$$F(x) = \begin{cases} 0 & x < -1 \\[2mm] \dfrac{1}{4} & -1 \leqslant x < \dfrac{1}{2} \\[2mm] \dfrac{7}{12} & \dfrac{1}{2} \leqslant x < 2 \\[2mm] \dfrac{3}{4} & 2 \leqslant x < 3 \\[2mm] 1 & x \geqslant 3 \end{cases} .$$

(2) 所求概率为

$$P\left\{X \geqslant \frac{1}{2}\right\} = P\left\{X=\frac{1}{2}\right\} + P\{X=2\} + P\{X=3\} = \frac{1}{3} + \frac{1}{6} + \frac{1}{4} = \frac{3}{4}.$$

$$P\left\{0 < X \leqslant \frac{5}{2}\right\} = F\left(\frac{5}{2}\right) - F(0) = \frac{3}{4} - \frac{1}{4} = \frac{1}{2}.$$

$$P\{-1 \leqslant X \leqslant 2\} = P\{-1 < X \leqslant 2\} + P\{X=-1\}$$

$$= F(2) - F(-1) + P\{X=-1\}$$

$$= \frac{3}{4} - \frac{1}{4} + \frac{1}{4} = \frac{3}{4}.$$

3. 已知离散型随机变量的分布函数求分布律

例 2.3.1　设随机变量 X 的分布函数为

$$F(x) = \begin{cases} 0 & x < 1 \\[2mm] \dfrac{9}{19} & 1 \leqslant x < 2 \\[2mm] \dfrac{15}{19} & 2 \leqslant x < 3 \\[2mm] 1 & x \geqslant 3 \end{cases} ,$$

求 X 的概率分布.

解　由于 $F(x)$ 是一个阶梯型函数,故知 X 是一个离散型随机变量,$F(x)$ 的跳跃点分别为 $1,2,3$,对应的跳跃高度分别为 $\dfrac{9}{19},\dfrac{6}{19},\dfrac{4}{19}$,即有

$$P(X=1)=\frac{9}{19},P(X=2)=\frac{6}{19},P(X=3)=\frac{4}{19}$$

从而可得 X 的概率分布为

X	1	2	3
p	$\dfrac{9}{16}$	$\dfrac{6}{16}$	$\dfrac{4}{16}$

4. 已知连续型随机变量的概率密度求分布函数

例 2.4.1　设随机变量 X 具有概率密度

$$f(x)=\begin{cases} x & 0\leqslant x\leqslant 1 \\ k-x & 1<x\leqslant 2, \\ 0 & \text{其他} \end{cases}$$

(1) 确定常数 k;(2) 求 X 的分布函数 $F(x)$;(3) 求 $P\left\{\dfrac{3}{2}<X\leqslant 2\right\}$.

解　(1) 由 $\displaystyle\int_{-\infty}^{\infty} f(x)\mathrm{d}x = 1$,得

$$\int_0^1 x\mathrm{d}x + \int_1^2 (k-x)\mathrm{d}x = 1$$

解得 $k=2$,于是 X 的概率密度为

$$f(x)=\begin{cases} x & 0\leqslant x\leqslant 1 \\ 2-x & 1<x\leqslant 2. \\ 0 & \text{其他} \end{cases}$$

(2) 按照分布函数的定义,用公式 $F(x) = \displaystyle\int_{-\infty}^{x} f(t)\mathrm{d}t$ 求 X 的分布函数.

当 $x<0$ 时,$F(x) = \displaystyle\int_{-\infty}^{x} f(t)\mathrm{d}t = \int_{-\infty}^{x} 0\mathrm{d}x = 0$;

当 $0\leqslant x<1$ 时,$F(x) = \displaystyle\int_{-\infty}^{x} f(t)\mathrm{d}t = \int_{-\infty}^{0} 0\mathrm{d}t + \int_0^x t\mathrm{d}t = \frac{x^2}{2}$;

当 $1 \leqslant x < 2$ 时, $F(x) = \int_{-\infty}^{x} f(t)\mathrm{d}t = \int_{-\infty}^{0} 0\mathrm{d}t + \int_{0}^{1} t\mathrm{d}t + \int_{1}^{x} (2-t)\mathrm{d}t$

$$= \frac{1}{2} + 2x - 2 - \frac{x^2}{2} + \frac{1}{2} = 2x - \frac{x^2}{2} - 1;$$

当 $x \geqslant 2$ 时, $F(x) = \int_{-\infty}^{x} f(t)\mathrm{d}t = \int_{-\infty}^{0} 0\mathrm{d}t + \int_{0}^{1} t\mathrm{d}t + \int_{1}^{2} (2-t)\mathrm{d}t + \int_{2}^{+\infty} 0\mathrm{d}t = 1$

于是　　　　　$F(x) = \begin{cases} 0 & x < 0 \\ \dfrac{x^2}{2} & 0 \leqslant x < 1 \\ 2x - \dfrac{x^2}{2} - 1 & 1 \leqslant x < 2 \\ 1 & x \geqslant 2 \end{cases}$.

(3) $P\left\{\dfrac{5}{2} < X \leqslant 2\right\} = F(2) - F\left(\dfrac{5}{2}\right) = \dfrac{1}{8}$

或　　　$P\left\{\dfrac{5}{2} < X \leqslant 2\right\} = \int_{\frac{5}{2}}^{2} p(x)\mathrm{d}x = \int_{\frac{5}{2}}^{2} (2-x)\mathrm{d}x = \dfrac{1}{8}$.

5. 已知连续型随机变量的分布函数求概率密度

例 2.5.1　设连续型随机变量 X 的分布函数为

$$F(x) = \begin{cases} 0 & x \leqslant 0 \\ Ax^2 & 0 < x < 1, \\ 1 & x \geqslant 1 \end{cases}$$

求 X 的概率密度.

解　连续型随机变量的分布函数是连续函数, 所以 $\lim\limits_{x \to 1} Ax^2 = 1$, 所以 $A = 1$. 由分布函数与概率密度的关系, 有

$$f(x) = F'(x) = \begin{cases} 2x & 0 < x < 1 \\ 0 & \text{其他} \end{cases}.$$

6. 求离散型随机变量函数的分布律

例 2.6.1　已知 X 的概率分布为

X	-1	0	3	4	5
$P\{X=x_i\}$	$\dfrac{1}{12}$	$\dfrac{1}{6}$	$\dfrac{2}{9}$	$\dfrac{5}{12}$	$\dfrac{1}{9}$

求 $Y=(X-2)^2$ 的概率分布.

解　设 $Y=(X-2)^2=f(X)$,则

$$f(-1)=9,f(0)=4,f(3)=1,f(4)=4,f(5)=9$$

因为 $f(-1)=f(5)=9,f(0)=f(4)=4,$

从而 Y 的取值为 $1,4,9$. 相应的概率为

$$P(Y=1)=P(X=3)=\frac{2}{9},$$

$$P(Y=4)=P(X=0)+P(X=4)=\frac{1}{6}+\frac{5}{12}=\frac{7}{12};$$

$$P(Y=9)=P(X=-1)+P(X=5)=\frac{1}{12}+\frac{1}{9}=\frac{7}{36}.$$

于是,得 Y 的概率分布为

Y	1	4	9
$P\{Y=y_i\}$	$\dfrac{2}{9}$	$\dfrac{7}{12}$	$\dfrac{7}{36}$

例 2.6.2　已知随机变量 X 的概率分布函数为

$$F_X(x)=\begin{cases}1-\dfrac{1}{2}\mathrm{e}^{-x} & x>0 \\[2mm] \dfrac{1}{2}\mathrm{e}^{-x} & x\leqslant 0\end{cases},\text{设随机变量 } Y=\begin{cases}1 & X>0 \\ -1 & X\leqslant 0\end{cases},\text{试求 } Y \text{ 的分}$$

布律.

解　Y 的所有可能取值为 $-1,1,X$ 的分布函数已知,所以有

$$P(Y=-1)=P(X\leqslant 0)=F_X(0)=\frac{1}{2}\mathrm{e}^0=\frac{1}{2},$$

$$P(Y=1)=P(X>0)=1-F_X(0)=1-\frac{1}{2}\mathrm{e}^0=\frac{1}{2}.$$

故 Y 的分布律为

X	-1	1
p_k	$\dfrac{1}{2}$	$\dfrac{1}{2}$

7. 求连续型随机变量函数的分布

例 2.7.1 设 X 的概率密度为

$$f(x) = \begin{cases} 2x & 0 < x < 1 \\ 0 & \text{其他} \end{cases}.$$

求 $Y = 3X + 1$ 的分布函数.

解 由于 X 的值域 $S_X = (0,1)$，因此 $Y = 3X + 1$ 的值域 $S_Y = (1,4)$，Y 是一个连续随机变量，X 的概率密度为

$$f(x) = \begin{cases} 2x & 0 < x < 1 \\ 0 & \text{其他} \end{cases}.$$

当 $y < 1$ 时，Y 的分布函数为 $G(y) = 0$；

当 $y \geqslant 4$ 时，Y 的分布函数为 $G(y) = 1$；

当 $1 < y < 4$ 时，Y 的分布函数为

$$G(y) = P\{Y \leqslant y\} = P\{3X + 1 \leqslant y\} = P\left(X \leqslant \frac{y-1}{3}\right)$$

$$= \int_0^{\frac{y-1}{3}} 2x \, \mathrm{d}x = \left(\frac{y-1}{3}\right)^2.$$

因此 Y 的分布函数为 $\quad G(y) = \begin{cases} 0 & y < 1 \\ \left(\dfrac{y-1}{3}\right)^2 & 1 \leqslant y < 4. \\ 1 & y \geqslant 4 \end{cases}$

从而对 $G(y)$ 求导得 Y 的概率密度为

$$g(y) = \begin{cases} \dfrac{2}{9}(y-1) & 1 < y < 4 \\ 0 & \text{其他} \end{cases}.$$

例 2.7.2 设 $X \sim N(0,1)$，求 $Y = X^2$ 的概率密度.

解 由于 X 的值域 $S_X = (-\infty, \infty)$，因此 $Y = X^2$ 的值域 $S_Y = (0, \infty)$，对

任意 $y \in (0, \infty)$，有 Y 的分布函数为

$$G(y) = P\{Y \leqslant y\} = P\{X^2 \leqslant y\} = P\{-\sqrt{y} < X < \sqrt{y}\}.$$

由于 $X \sim N(0,1)$，可知

$$G(y) = \frac{1}{\sqrt{2\pi}} \int_{-\sqrt{y}}^{\sqrt{y}} e^{-\frac{t^2}{2}} dt = \frac{2}{\sqrt{2\pi}} \int_0^{\sqrt{y}} e^{-\frac{t^2}{2}} dt,$$

所以 Y 的概率密度为

$$g(y) = G'(y) = \frac{2}{\sqrt{2\pi}} e^{-\frac{(\sqrt{y})^2}{2}} \cdot \frac{1}{2\sqrt{y}},$$

故

$$g(y) = \begin{cases} \dfrac{1}{\sqrt{2\pi}} y^{-\frac{1}{2}} e^{-\frac{y}{2}} & y > 0 \\ 0 & \text{其他} \end{cases}.$$

例 2.7.3　若 X 在区间 $\left(-\dfrac{\pi}{2}, \dfrac{\pi}{2}\right)$ 上服从均匀分布，$Y = \tan X$，试求 Y 的概率密度 $g(y)$.

解　X 的概率密度为

$$p(x) = \begin{cases} \dfrac{1}{\pi} & -\dfrac{\pi}{2} < x < \dfrac{\pi}{2} \\ 0 & \text{其他} \end{cases}.$$

现在 $y = \tan x$，由这一式子解得

$$x = h(y) = \arctan y, \text{且有 } h'(y) = \frac{1}{1+y^2},$$

从而得 $Y = \tan X$ 的概率密度为

$$g(y) = \left| \frac{1}{1+y^2} \right| p(\arctan y), \quad -\infty < y < \infty.$$

即

$$g(y) = \frac{1}{\pi} \frac{1}{1+y^2}, \quad -\infty < y < \infty.$$

8. 求非离散型和非连续型随机变量的分布函数

例 2.8.1　设一设备开机后无故障工作的时间 X 服从指数分布，平均无

故障工作时间 $E(X)$ 为 5 h 该设备定时开机,出现故障时自动关机,而无故障的情况下工作 2 h 便关机.试求该设备每次开机无故障工作的时间 Y 的分布函数 $F(y)$.

解　因 X 服从指数分布,设 X 的分布参数为 θ,则 $E(X)=\theta=5$.显然,$Y=\min\{X,2\}$.

当 $y<0$ 时,$F(y)=0$;

当 $y\geqslant2$ 时,$F(y)=1$;

当 $0\leqslant y<2$ 时,$F(y)=P(Y\leqslant y)=P\{\min\{X,2\}\}=P(X\leqslant y)=1-e^{-\frac{y}{5}}$.

于是,Y 的分布函数为

$$F(y)=\begin{cases}0 & y<0 \\ 1-e^{-\frac{y}{5}} & 0\leqslant y<2. \\ 1 & y\geqslant2\end{cases}$$

9. 求离散型随机变量取值的概率

例 2.9.1　设随机变量 X 的分布律如下:

X	-1	2	3
p_k	$\dfrac{1}{4}$	$\dfrac{1}{2}$	$\dfrac{1}{4}$

求(1) $P\left\{X\leqslant\dfrac{1}{2}\right\}$,(2) $P\left\{\dfrac{3}{2}<X\leqslant\dfrac{5}{2}\right\}$,(3) $P\{2\leqslant X\leqslant3\}$,(4) $P\{2\leqslant X<3\}$.

解　利用"X 落在一区间 I 上的概率计算公式 $P\{X\in I\}=\sum\limits_{x_k\in I}P_k$"计算.

(1) $P\left\{X\leqslant\dfrac{1}{2}\right\}=P\{X=-1\}=\dfrac{1}{4}$;

(2) $P\left\{\dfrac{3}{2}<X\leqslant\dfrac{5}{2}\right\}=P\{X=2\}=\dfrac{1}{2}$;

(3) $P\{2\leqslant X\leqslant3\}=P\{X=2\}+P\{X=3\}=\dfrac{1}{2}+\dfrac{1}{4}=\dfrac{3}{4}$;

(4) $P\{2\leqslant X<3\}=P\{X=2\}=\dfrac{1}{2}$.

另解　因 X 的分布函数为

$$F(x)=P(X\leqslant x)=\begin{cases}0 & x<-1\\[2mm]\dfrac{1}{4} & -1\leqslant x<2\\[2mm]\dfrac{3}{4} & 2\leqslant x<3\\[2mm]1 & x\geqslant 3\end{cases},$$

根据分布函数的定义与性质,有

(1) $P\left\{X\leqslant\dfrac{1}{2}\right\}=F\left(\dfrac{1}{2}\right)=\dfrac{1}{4}$;

(2) $P\left\{\dfrac{3}{2}<X\leqslant\dfrac{5}{2}\right\}=F\left(\dfrac{5}{2}\right)-F\left(\dfrac{3}{2}\right)=\dfrac{3}{4}-\dfrac{1}{4}=\dfrac{1}{2}$;

(3) $P\{2\leqslant X\leqslant 3\}=F(3)-F(2)+P\{X=2\}=1-\dfrac{3}{4}+\dfrac{1}{2}=\dfrac{3}{4}$;

(4) $P\{2\leqslant X<3\}=P\{2<X\leqslant 3\}+P\{X=2\}-P\{X=3\}$

$\qquad\qquad\quad=F(3)-F(2)+P\{X=2\}-P\{X=3\}$

$\qquad\qquad\quad=1-\dfrac{3}{4}+\dfrac{1}{2}-\dfrac{1}{4}=\dfrac{1}{2}.$

例 2.9.2　一大楼有 5 个同类型的供水设备,调查表明在任一时刻 t,每个设备被使用的概率为 0.1,求在同一时刻恰有 2 个设备被使用的概率.

解　任一时刻每一设备被使用是相互独立的,且使用概率均为 0.1,设同一时刻被使用的设备数为 X,则 X 服从参数 $n=5$,$p=0.1$ 的二项分布,即 $X\sim B(5,0.1)$.

于是,在同一时刻恰有 2 个设备被使用的概率为

$$P\{X=2\}=C_5^2(0.1)^2(0.9)^3=0.0729.$$

例 2.9.3　某种型号的器件的寿命 X(单位:h)具有以下的概率密度

$$f(x)=\begin{cases}\dfrac{100}{x^2} & x>1000\\[2mm]0 & \text{其他}\end{cases},$$

现有一大批此种器件(设各器件损坏与否是相互独立的),任取 5 只,问其

中至少有 2 只寿命大于 1 500 h 的概率是多少?

解 设寿命大于 1 500 h 的器件只数为 Y. 由题意,先求出任意一只器件寿命 X 大于 1 500 h 的概率为

$$P(X > 1\ 500) = \int_{1\ 500}^{+\infty} \frac{1\ 000}{x^2} \mathrm{d}x = \frac{2}{3}.$$

由于各器件损坏与否是相互独立的,所以,任取 5 只,寿命大于 1 500 h 的器件只数 $Y \sim B\left(5, \dfrac{2}{3}\right)$,于是,任取 5 只,其中至少有 2 只寿命大于 1 500 h 的概率为

$$P(Y \geqslant 2) = 1 - P(Y < 2) = 1 - P(Y = 0) - P(Y = 1)$$
$$= 1 - C_5^0 \left(\frac{1}{3}\right)^5 - C_5^1 \left(\frac{1}{3}\right)^4 \left(\frac{2}{3}\right) = \frac{232}{243}.$$

例 2.9.4 某急救中心在长度为 t(单位:h)的时间间隔内收到的紧急呼叫次数 X 服从参数为 0.5 t 的泊松分布,而与时间间隔的起点无关,求某一天上午 10 时到下午 1 时没有收到紧急呼救的概率.

解 由于 $X \sim \pi(0.5\ t)$,而从上午 10 时到下午 1 时的时间间隔 $t = 3$,所以 $X \sim \pi(1.5)$,从而,所求概率为

$$P\{X = 0\} = \frac{1.5^0 \mathrm{e}^{-1.5}}{0!} = \mathrm{e}^{-1.5}.$$

10. 求连续型随机变量取值的概率

例 2.10.1 测量零件时产生的误差 X(单位:cm)是一个随机变量,它服从 $(-0.1, 0.1)$ 内的均匀分布,求误差的绝对值在 0.05 cm 之内的概率.

解 因 $X \sim U(-0.1, 0.1)$,所以 X 的概率密度为

$$f(x) = \begin{cases} \dfrac{1}{0.1 - (-0.1)} & -0.1 < x < 0.1 \\ 0 & \text{其他} \end{cases} = \begin{cases} 5 & -0.1 < x < 0.1 \\ 0 & \text{其他} \end{cases}.$$

所以

$$P\{|X| < 0.05\} = \int_{-0.05}^{0.05} 5 \mathrm{d}x = 0.5.$$

例 2.10.2 设某顾客在某银行的窗口等待服务的时间 X(单位:min)服从指数分布,其概率密度为

$$f(x) = \begin{cases} \dfrac{1}{5}\mathrm{e}^{-\frac{x}{5}} & x > 0 \\ 0 & x \leqslant 0 \end{cases},$$

某顾客在窗口等待服务,若等待超过 10 min 他就离开,求他离开的概率.

解　由题意,所求概率为

$$P\{X > 10\} = 1 - P\{X \leqslant 10\} = 1 - \int_0^{10} \frac{1}{5}\mathrm{e}^{-\frac{x}{5}} \mathrm{d}x = \mathrm{e}^{-2}.$$

例 2.10.3　设 k 在 $(0,5)$ 内服从均匀分布,求方程 $4x^2 + 4kx + k + 2 = 0$ 有实根的概率.

解　要使方程有实根,则需有 $\Delta = (4k)^2 - 4 \times 4(k+2) \geqslant 0$,解得 $k \leqslant -1$ 或 $k \geqslant 2$,而 k 在 $(0,5)$ 内服从均匀分布,则 $k \geqslant 2$,所以方程有实根的概率为

$$P\{方程有实根\} = \int_2^5 \frac{1}{5}\mathrm{d}x = \frac{3}{5}.$$

例 2.10.4　设 $X \sim N(3,4)$,求

(1) $P(2 < X \leqslant 5), P(-4 < X \leqslant 10), P(|X| > 2), P(X > 3)$;

(2) 确定 c,使得 $P(X > c) = P(X \leqslant c)$;

(3) 设 d 满足 $P(X > \mathrm{d}) \geqslant 0.9$,问 d 至多是多少?

解　(1) $P(2 < X \leqslant 5) = P\left(\dfrac{2-3}{2} < \dfrac{X-3}{2} \leqslant \dfrac{5-3}{2}\right)$

$$= \Phi(1) - \Phi(-0.5) = \Phi(1) - 1 + \Phi(0.5)$$

$$= 0.532\ 8,$$

$$P(-4 < X \leqslant 10) = P\left(\frac{-4-3}{2} < \frac{X-3}{2} \leqslant \frac{10-3}{2}\right)$$

$$= \Phi(3.5) - \Phi(-3.5) = 2\Phi(3.5) - 1$$

$$= 0.999\ 6,$$

$$P(|X| > 2) = 1 - P(|X| \leqslant 2) = 1 - P(-2 \leqslant X \leqslant 2)$$

$$= 1 - P\left(\frac{-2-3}{2} \leqslant \frac{X-3}{2} \leqslant \frac{2-3}{2}\right)$$

$$= 1 - \Phi(-0.5) + \Phi(-2.5)$$

$$= \Phi(0.5) + 1 - \Phi(2.5) = 0.697\ 7,$$

$$P(X>3)=1-P(X\leqslant 3)=1-P\left(\frac{X-3}{2}\leqslant\frac{3-3}{2}\right)$$

$$=1-\Phi(0)=0.5.$$

(2) 由 $P(X>c)=P(X\leqslant c)$,得 $1-P(X\leqslant c)=P(X\leqslant c)$,$P(X\leqslant c)=$ 0.5,故 $c=3$.

(3) 由 $P(X>\mathrm{d})=P\left(\frac{X-3}{2}>\frac{d-3}{2}\right)=1-P\left(\frac{X-3}{2}\leqslant\frac{d-3}{2}\right)\geqslant 0.9$

得 $P\left(\frac{X-3}{2}\leqslant\frac{d-3}{2}\right)\leqslant 0.1$,即 $\frac{d-3}{2}\leqslant-1.28$,$\mathrm{d}\leqslant 0.44$.

所以,d 至多是 0.44.

§2.4　考研类型题解析

一、填空题

例 2.1　随机变量 $X\sim B(2,p)$,随机变量 $Y\sim(3,p)$. 若 $P\{X\geqslant 1\}=\frac{5}{9}$,则 $P\{Y\geqslant 1\}=$ _____.

解　应填 $\frac{19}{27}$.

由 $\frac{5}{9}=P\{X\geqslant 1\}=1-P\{X=0\}=1-(1-p)^2$,所以 $1-p=q=\frac{2}{3}$,$p=\frac{1}{3}$.

从而 $P\{Y\geqslant 1\}=1-P\{Y=0\}=1-q^3=1-\left(\frac{2}{3}\right)^3=\frac{19}{27}$.

例 2.2　设随机变量 $X\sim N(\mu,\sigma^2)(\sigma>0)$,且二次方程 $y^2+4y+X=0$ 无实根的概率为 $\frac{1}{2}$,则 $\mu=$ _____.

解　应填 4.

由二次方程 $y^2+4y+X=0$ 无实根知,$4-X<0$. 故由所给条件知

$P\{X>4\}=\dfrac{1}{2}.$

由正态分布密度的对称性知 $P\{X>\mu\}=\dfrac{1}{2}.$ 所以 $\mu=4.$

二、选择题

例 2.3　设两个随机变量 X 与 Y 相互独立且同分布在；$P\{X=-1\}=$ $P\{Y=-1\}=\dfrac{1}{2},P\{X=1\}=P\{Y=1\}=\dfrac{1}{2},$ 而下列各式中成立的是（　　）.

(A) $P\{X=Y\}=\dfrac{1}{2}$　　　　(B) $P\{X=Y\}=1$

(C) $P\{X+Y=0\}=\dfrac{1}{4}$　　　　(D) $P\{XY=1\}=\dfrac{1}{4}$

解　应选(A).

因

$$P\{X=Y\}=P\{X=-1,Y=-1\}+P\{X=1,Y=1\}=\dfrac{1}{2}\times\dfrac{1}{2}+\dfrac{1}{2}\times$$

$\dfrac{1}{2}=\dfrac{1}{2}.$

例 2.4　设 $f(x)$ 是连续型随机变量 X 的概率密度,则 $f(x)$ 一定是（　　）.

(A) 可积函数　　　　　　(B) 单调函数

(C) 连续函数　　　　　　(D) 可导函数

解　应选(A).

根据密度函数的定义,$f(x)$ 是可积函数.

例 2.5　设 $F_1(x)$ 与 $F_2(x)$ 分别是随机变量 X_1 与 X_2 的分布函数,为使 $F(x)=aF_1(x)-bF_2(x)$ 是某一随机变量的分布函数,在下列给定的各组值中应取（　　）.

(A) $a=\dfrac{3}{5},b=-\dfrac{2}{5}$　　　　(B) $a=\dfrac{2}{3},b=\dfrac{2}{3}$

(C) $a=-\dfrac{1}{2},b=\dfrac{3}{2}$　　　　(D) $a=\dfrac{1}{2},b=-\dfrac{3}{2}$

解　应选(A).

对任何 x,为保证 $F(x) \geqslant 0$,a 与 $-b$ 均应大于 0,又因
$F(+\infty) = aF_1(+\infty) - bF_2(+\infty) = a - b = 1$,故应选(A).

三、计算题

例 2.6 设随机变量 X 的概率密度为

$$f(x) = \begin{cases} \dfrac{1}{3\ \sqrt[3]{x^2}} & 1 \leqslant x \leqslant 8 \\ 0 & \text{其他} \end{cases}.$$

$F(x)$ 是 X 的分布函数. 求随机变量 $Y = F(X)$ 的分布函数.

解 当 $x < 1$ 时,$F(x) = 0$;当 $x > 8$ 时,$F(x) = 1$;当 $1 \leqslant x \leqslant 8$ 时,有

$$F(x) = \int_1^x \frac{1}{3\ \sqrt[3]{t^2}} \mathrm{d}t = \sqrt[3]{x} - 1.$$

于是

$$F(x) = \begin{cases} 0 & x < 1 \\ \sqrt[3]{x} - 1 & 1 \leqslant x \leqslant 8 \\ 1 & x > 8 \end{cases}.$$

设 $G(y)$ 是随机变量 $Y = F(X)$ 的分布函数. 由于 $0 \leqslant F(x) \leqslant 1$,显然,当 $y \leqslant 0$ 时,$G(y) = 0$;当 $y \geqslant 1$ 时,$G(y) = 1$.

当 $0 < y < 1$ 时,有

$$G(y) = P\{Y \leqslant y\} = P\{F(X) \leqslant y\} = P\{\sqrt[3]{X} - 1 \leqslant y\}$$
$$= P\{X \leqslant (y+1)^3\} = F[(y+1)^3] = y.$$

于是,$Y = F(X)$ 的分布函数为

$$G(y) = \begin{cases} 0 & y \leqslant 0 \\ y & 0 < y < 1 \\ 1 & y \geqslant 1 \end{cases}.$$

例 2.7 设随机变量 X 的绝对值不大于 1;$P\{X = -1\} = \dfrac{1}{8}$;$P\{X = 1\} = \dfrac{1}{4}$;在事件 $\{-1 < X < 1\}$ 出现的条件下,X 在 $(-1, 1)$ 内的任一子区间上取值

的概率与该区间长度成正比. 试求:

(1) X 的分布函数 $F(x) = P\{X \leqslant x\}$;

(2) X 取负值的概率 p.

解 (1) 由所给条件可知,当 $x < -1$ 时, $F(x) = 0$; $F(-1) = \dfrac{1}{8}$;

$$P\{-1 < X < 1\} = 1 - \frac{1}{8} - \frac{1}{4} = \frac{5}{8}.$$

在 $\{-1 < X < 1\}$ 出现的条件下,事件 $\{-1 < X \leqslant x\}$ 的条件概率为

$$P\{-1 < X \leqslant x \mid -1 < X < 1\} = \frac{P\{-1 < X \leqslant x\}}{P\{-1 < X < 1\}} = \frac{k(x+1)}{2k} = \frac{x+1}{2}.$$

于是,对于 $-1 < x < 1$,有

$$\begin{aligned}
P\{-1 < X \leqslant x\} &= P\{-1 < X \leqslant x, -1 < X < 1\} \\
&= P\{-1 < X < 1\} P\{-1 < X \leqslant x \mid -1 < X < 1\} \\
&= \frac{5}{8} \times \frac{x+1}{2} = \frac{5(x+1)}{16}.
\end{aligned}$$

$$F(x) = P\{X \leqslant -1\} + P\{-1 < X \leqslant x\} = \frac{1}{8} + \frac{5x+5}{16} = \frac{5x+7}{16}.$$

当 $x \geqslant 1$ 时,有 $F(x) = 1$.

从而

$$F(x) = \begin{cases} 0 & x < -1 \\ \dfrac{5x+7}{16} & -1 \leqslant x < 1. \\ 1 & x \geqslant 1 \end{cases}$$

(2) X 取负值的概率为

$$p = P\{X < 0\} = P\{X \leqslant 0\} - P\{X = 0\}$$

$$= F(0) - P\{X = 0\} = F(0) = \frac{7}{16}.$$

例 2.8 设一大型设备在任何时长为 t 的时间内发生故障的次数 $N(t)$ 服从参数为 λt 的泊松分布. (1) 求相继两次故障之间时间间隔 T 概率分布;(2) 求在设备已经无故障工作 8 小时的情形下,再无故障运行 8 小时的概率 Q.

解　(1) 由于 T 是非负随机变量,可见当 $t<0$ 时,

$$F(t)=P\{T\leqslant t\}=0.$$

设 $t\geqslant 0$,则事件 $\{T>t\}$ 与此同时 $\{N(t)=0\}$ 等价.因此,当 $t\geqslant 0$ 时,有

$$F(t)=P\{T\leqslant t\}=1-P\{T>t\}$$
$$=1-P\{N(t)=0\}$$
$$=1-\mathrm{e}^{-\lambda t}.$$

于是,T 服从参数为 λ 的指数分布.

(2) $Q=P\{T\geqslant 16\,|\,T\geqslant 8\}=\dfrac{P\{T\geqslant 16,T\geqslant 8\}}{P\{T\geqslant 8\}}=\dfrac{P\{T\geqslant 16\}}{P\{T\geqslant 8\}}=\dfrac{\mathrm{e}^{-16t}}{\mathrm{e}^{-8t}}=\mathrm{e}^{-8t}.$

例 2.9　设一设备开机后无故障工作的时间 X 服从指数分布,平均无故障工作的时间 $E(X)$ 为 5 小时.设备定时开机,出现故障自动关机,而在无故障的情况下工作 2 小时便关机.试求该设备每次开机无故障工作的时间 Y 的分布函数 $F(y)$.

解　设 X 的分布参数为 λ.由于 $E(X)=\lambda=5$,得 X 的分布函数为

$$F(x)=\begin{cases}0 & x<0 \\ 1-\mathrm{e}^{-\frac{x}{5}} & 0\leqslant x<2, \\ 1 & x\geqslant 2\end{cases}$$

显然,$Y=\min\{X,2\}$.

当 $y<0$ 时,$F(y)=0$;当 $y\geqslant 2$ 时,$F(y)=1$;

当 $0\leqslant y<2$ 时,有 $F(y)=P\{Y\leqslant y\}=P\{\min(X,2)\leqslant y\}=P\{X\leqslant y\}=1-\mathrm{e}^{-\frac{y}{5}}.$

于是,Y 的分布函数为

$$F(y)=\begin{cases}0 & y<0 \\ 1-\mathrm{e}^{-\frac{y}{5}} & 0\leqslant y<2. \\ 1 & y\geqslant 2\end{cases}$$

例 2.10　从学校乘汽车到火车站的路途中有 3 个交通岗,假设在各个交通岗遇到红灯的事件是相互独立的,并且概率都是 $\dfrac{2}{5}$.设 X 为途中遇到红灯

的次数,求随机变量 X 的分布律与分布函数.

解　(1) 显然, $X \sim B\left(3, \dfrac{2}{5}\right)$,其分布律为

$$P\{X=k\}=\mathrm{C}_3^k\left(\frac{2}{5}\right)^k\left(\frac{3}{5}\right)^{3-k}, k=0,1,2,3.$$

即

X	0	1	2	3
P	$\dfrac{27}{125}$	$\dfrac{54}{125}$	$\dfrac{36}{125}$	$\dfrac{8}{125}$

(2) X 的分布函数为

$$F(x)=\begin{cases} 0 & x<0 \\ \dfrac{27}{125} & 0\leqslant x<1 \\ \dfrac{81}{125} & 1\leqslant x<2. \\ \dfrac{117}{125} & 2\leqslant x<3 \\ 1 & x\geqslant 3 \end{cases}$$

四、证明题

例 2.11　假设随机变量 X 服从参数为 2 的指数分布. 证明: $Y=1-\mathrm{e}^{-2x}$ 在区间 $(0,1)$ 上服从均匀分布.

证　X 的分布函数为 $F(x)=\begin{cases} 1-\mathrm{e}^{-\frac{x}{2}} & x>0 \\ 0 & x\leqslant 0 \end{cases}$. $\quad y=1-\mathrm{e}^{-\frac{x}{2}}$ 是单调函数,其反函数 $x=-2\ln(1-y)$.

设 $G(y)$ 是 Y 的分布函数,则

$$G(y)=P\{Y\leqslant y\}=P\left\{1-\mathrm{e}^{-\frac{x}{2}}\leqslant y\right\}$$

$$=\begin{cases} 0 & y\leqslant 0 \\ P\{X\leqslant -2\ln(1-y)\} & 0<y<1 \\ 1 & y\geqslant 1 \end{cases}$$

$$=\begin{cases} 0 & y\leqslant 0 \\ y & 0<y<1. \\ 1 & y\geqslant 1 \end{cases}$$

于是,Y 在$(0,1)$上服从均匀分布.

§2.5　基础训练题

一、填空题

1. 设离散型随机变量 X 分布律为 $P\{X=k\}=5A(1/2)^k(k=1,2,\cdots)$ 则 $A=\underline{\qquad}$.

2. 已知随机变量 X 的密度为 $f(x)=\begin{cases} ax+b & 0<x<1 \\ 0 & \text{其他} \end{cases}$,且 $P\{x>\dfrac{1}{2}\}=\dfrac{5}{8}$,则 $a=\underline{\qquad}$,$b=\underline{\qquad}$.

3. 设 $X\sim N(2,\sigma^2)$,且 $P\{2<x<4\}=0.3$,则 $P\{x<0\}=\underline{\qquad}$.

4. 一射手对同一目标独立地进行四次射击,若至少命中一次的概率为 $\dfrac{80}{81}$,则该射手的命中率为 $\underline{\qquad}$.

5. 若随机变量 ξ 在$(1,6)$上服从均匀分布,则方程 $x^2+\xi x+1=0$ 有实根的概率是 $\underline{\qquad}$.

二、选择题

1. 设 $X\sim N(\mu,\sigma^2)$,那么当 σ 增大时,$P\{|X-\mu|<\sigma\}=(\quad)$.

(A) 增大　　　(B). 减少　　　(C) 不变　　　(D) 增减不定.

2. 设 X 的密度函数为 $f(x)$,分布函数为 $F(x)$,且 $f(x)=f(-x)$.那么对任意给定的 a 都有$(\quad)$.

(A) $f(-a)=1-\int_0^a f(x)\mathrm{d}x$　　　(B) $F(-a)=\dfrac{1}{2}-\int_0^a f(x)\mathrm{d}x$

(C) $F(a)=F(-a)$　　　　　　　　(D) $F(-a)=2F(a)-1$

3. 下列函数中,可作为某一随机变量的分布函数是$(\quad)$.

(A) $F(x) = 1 + \dfrac{1}{x^2}$

(B) $F(x) = \dfrac{1}{2} + \dfrac{1}{\pi}\arctan x$

(C) $F(x) = \begin{cases} \dfrac{1}{2}(1 - \mathrm{e}^{-x}) & x > 0 \\ 0 & x \leqslant 0 \end{cases}$

(D) $F(x) = \displaystyle\int_{-\infty}^{x} f(t)\mathrm{d}t$ 其中 $\displaystyle\int_{-\infty}^{+\infty} f(t)\mathrm{d}t = 1$

4. 假设随机变量 X 的分布函数为 $F(x)$,密度函数为 $f(x)$. 若 X 与 $-X$ 有相同的分布函数,则下列各式中正确的是(　　).

(A) $F(x) = F(-x)$　　　　　　(B) $F(x) = -F(-x)$

(C) $f(x) = f(-x)$　　　　　　(D) $f(x) = -f(-x)$

5. 已知随机变量 X 的密度函数 $f(x) = \begin{cases} A\mathrm{e}^{-x} & x \geqslant \lambda \\ 0 & x < \lambda \end{cases}$ $(\lambda > 0, A$ 为常数$)$, 则概率 $P\{\lambda < X < \lambda + a\}$ $(a > 0)$ 的值(　　).

(A) 与 a 无关,随 λ 的增大而增大

(B) 与 a 无关,随 λ 的增大而减小

(C) 与 λ 无关,随 a 的增大而增大

(D) 与 λ 无关,随 a 的增大而减小

三、解答题

1. 从一批有 10 个合格品与 3 个次品的产品中一件一件地抽取产品,各种产品被抽到的可能性相同,求在 2 种情况下,直到取出合格品为止,所求抽取次数的分布率.(1) 放回;(2) 不放回.

2. 设随机变量 X 的密度函数 $f(x) = A\mathrm{e}^{-|x|}$ $(-\infty < x < +\infty)$,

求:(1) 系数 A;

(2) $P\{0 \leqslant x \leqslant 1\}$;

(3) 分布函数 $F(x)$.

3. 对球的直径作测量,设其值均匀地分布在 $[a, b]$ 内. 求体积的密度

函数.

4. 设在独立重复实验中,每次实验成功概率为 0.5,问需要进行多少次实验,才能使至少成功一次的概率不小于 0.9.

5. 公共汽车车门的高度是按男子与车门碰头的机会在 0.01 以下来设计的,设男子的身高 $X \sim N(168, 7^2)$,问车门的高度应如何确定?

6. 设随机变量 X 的分布函数为:$F(x) = A + B \arctan x, (-\infty < x < +\infty)$.

求:(1)系数 A 与 B;

(2) X 落在 $(-1, 1)$ 内的概率;

(3) X 的分布密度.

四、证明题

设随即变量 X 的参数为 2 的指数分布,证明 $Y = 1 - e^{-2X}$ 在区间 $(0, 1)$ 上服从均匀分布.

第3章　多维随机变量及其分布

§3.1　本章内容综述

3.1.1　二维随机变量及其分布

1. 二维随机变量与分布函数

1）二维随机变量的概念

设 E 是一个随机试验，它的样本空间 $S=\{e\}$. 设 $X=X\{e\}$ 和 $Y=Y\{e\}$ 是定义在 S 上的随机变量，由它们构成的向量 (X,Y) 叫二维随机变量.

2）二维随机变量 (X,Y) 的分布函数

设 (X,Y) 是二维随机变量，对于任意的实数 x,y，称二元函数
$$F(x,y)=P\{(X\leqslant x)\bigcap(Y\leqslant y)\}\triangleq P\{X\leqslant x,Y\leqslant y\}$$

为二维随机变量 (X,Y) 的分布函数或称为随机变量 X 和 Y 的联合分布函数.

3）二维随机变量分布函数的性质

（1）$F(x,y)$ 为有界函数，即对任意的 x,y 有
$$0\leqslant F(x,y)\leqslant 1,\text{且}$$

对于任意固定的 $y,F(-\infty,y)=\lim_{x\to-\infty}F(x,y)=0$

对于任意固定的 $x,F(x,-\infty)=\lim_{y\to-\infty}F(x,y)=0$

又有
$$F(+\infty,+\infty)=\lim_{\substack{x\to+\infty\\y\to+\infty}}F(x,y)=1$$

$$F(-\infty,-\infty)=\lim_{\substack{x\to-\infty\\y\to-\infty}}F(x,y)=0$$

(2) $F(x,y)$ 是变量 x 和 y 的单调不减函数. 即

若 $x_1 < x_2, y_1 < y_2$,则对任意 x,y,有

$$F(x_1,y) \leqslant F(x_2,y), \qquad F(x,y_1) \leqslant F(x,y_2)$$

(3) $F(x,y)$ 关于 x 或 y 是右连续的. 即

$$F(x,y) = F(x+0,y), F(x,y) = F(x,y+0).$$

(4) 对于任意 $(x_1,y_1),(x_2,y_2),x_1 < x_2,y_1 < y_2$ 有即

$$F(x_2,y_2) - F(x_1,y_2) - F(x_2,y_1) + F(x_1,y_1) \geqslant 0$$
$$P(x_1 < X \leqslant x_2, y_1 < Y \leqslant y_2) \geqslant 0$$

2. 二维离散型随机变量

1) 二维离散型随机变量的概念

如果二维随机变量 (X,Y) 的所有可能取值是有限对或可列无限多对,则称 (X,Y) 是离散型的随机变量.

2) (X,Y) 的联合分布律

设二维离散型随机变量 (X,Y) 所有可能取值为 $(x_i,y_j), i,j = 1,2,\cdots,$ 则称

$$p_{ij} = P((X,Y) = (x_i,y_j)) = P(X = x_i, Y = y_j), j = 1,2,\cdots$$

为二维离散型随机变量 (X,Y) 的分布或 X,Y 的联合分布.

X,Y 的联合分布列可用概率分布表 3-1 来表示:

表 3-1

X＼Y	y_1	y_2	$\cdots$	y_j	$\cdots$
X_1	p_{11}	p_{12}	$\cdots$	p_{1j}	$\cdots$
X_2	p_{21}	p_{22}	$\cdots$	p_{2j}	$\cdots$
$\vdots$	$\vdots$	$\vdots$		$\vdots$	
X_i	p_{i1}	p_{i2}	$\cdots$	p_{ij}	$\cdots$
$\vdots$	$\vdots$	$\vdots$		$\vdots$	

显然 X,Y 的联合分布列有下列性质

(1) $p_{ij} \geqslant 0, i,j = 1,2,\cdots,\cdots$

(2) $\displaystyle\sum_{i=1}^{\infty}\sum_{j=1}^{\infty}p_{ij}=1.$

由联合分布,可得二维离散型随机变量(X,Y)的联合分布函数为

$$F(x,y)=\sum_{x_i\leqslant x}\sum_{y_j\leqslant y}p_{ij},\ -\infty<x<+\infty,\ -\infty<y<+\infty.$$

3. 二维连续型随机变量

1) 二维连续型随机变量及联合概率密度的概念

对于二维随机变量(X,Y)的分布函数 $F(x,y)$,如果存在非负的函数 $f(x,y)$ 使对于任意的实数 x,y 有

$$F(x,y)=\int_{-\infty}^{y}\int_{-\infty}^{x}f(u,v)\mathrm{d}u\mathrm{d}v,$$

则称(X,Y)是连续型的随机变量. 函数 $f(x,y)$ 称为(X,Y)的联合概率密度.

2) (X,Y)概率密度 $f(x,y)$ 的性质

(1) $f(x,y)\geqslant0.$

(2) $\displaystyle\int_{-\infty}^{+\infty}\int_{-\infty}^{+\infty}f(x,y)\mathrm{d}x\mathrm{d}y=1.$

(3) 若 $f(x,y)$ 在点(x,y)处连续,则

$$f(x,y)=\frac{\partial^2 F(x,y)}{\partial x\partial y}.$$

(4) 若 G 是平面上的某一区域,则

$$P\{(X,Y)\in G\}=\iint\limits_{G}f(x,y)\mathrm{d}x\mathrm{d}y.$$

特别的有 $P\{x_1<X\leqslant x_2,y_1<Y\leqslant y_2\}=\displaystyle\int_{x_1}^{x_2}\int_{y_1}^{y_2}f(x,y)\mathrm{d}x\mathrm{d}y.$

3) 两种常用二维连续型随机变量的分布

(1) 二维均匀分布

设 G 为平面区域,G 的面积为 $A(A>0)$,若(X,Y)的联合概率密度为

$$f(x,y)=\begin{cases}\dfrac{1}{A} & (x,y)\in G, \\ 0 & \text{其他}\end{cases},$$

则称(X,Y)在G上服从均匀分布.

(2) 二维正态分布

如果(X,Y)的联合概率密度为

$$f(x,y)=\frac{1}{2\pi\sigma_1\sigma_2\sqrt{1-\rho^2}}e^{-\frac{1}{2(1-\rho^2)}\left[\frac{(x-\mu_1)^2}{\sigma_1^2}-2\rho\frac{(x-\mu_1)(y-\mu_2)}{\sigma_1\sigma_2}+\frac{(y-\mu_2)^2}{\sigma_2^2}\right]}.$$

其中$\mu_1,\mu_2,\sigma_1,\sigma_2,\rho$为五个常数,且$\sigma_1>0,\sigma_2>0,|\rho|<1$,

则称(X,Y)服从二维正态分布,记作$N(\mu_1,\mu_2,\sigma_1^2,\sigma_2^2,\rho)$.

4) n维随机变量

设E是一个随机试验,它的样本空间是$S=\{e\}$,设$X_1=X_1(e),X_2=X_2(e),\cdots,X_n=X_n(e)$是定义在$S$上的随机变量,由它构成的$n$维向量$(X_1,X_2,\cdots,X_n)$叫做$n$维随机变量.对于任意$n$个实数$x_1,x_2,\cdots,x_n,n$元函数$F(x_1,x_2,\cdots,x_n)=P\{X_1\leqslant x_1,X_2\leqslant x_2,\cdots,X_n\leqslant x_n\}$,称为随机变量$(X_1,X_2,\cdots,X_n)$的联合分布函数.

3.1.2　边缘分布与条件分布

1. 边缘分布

1) 边缘分布的概念与分布函数

设$F(x,y)$为(X,Y)的联合分布函数,则$F_X(x)=F(x,+\infty)$与$F_Y(y)=F(+\infty,y)$分别称为二维随机变量(X,Y)关于X和Y的边缘分布函数.

即　　$F_X(x)=P\{X\leqslant x\}=P\{X\leqslant x,Y\leqslant+\infty\}=F(x,+\infty)$

　　　　$F_Y(Y)=P\{Y\leqslant y\}=P\{X\leqslant+\infty,Y\leqslant y\}=F(+\infty,y)$

2) 二维离散型随机变量的边缘分布

设二维离散型随机变量(X,Y)的联合分布律为$P\{X=x_i,Y=y_j\}=p_{ij}$,则:

(1) 边缘分布函数为

$$P\{X=x_i\}=\sum_{j=1}^{\infty}P\{X=x_i,Y=y_j\}=\sum_{j=1}^{\infty}p_{ij}=p_{i\cdot}\quad i=1,2,\cdots,$$

边缘分布函数为$F_X(x)=P\{X\leqslant x\}=F(x,+\infty)=\sum_{x_i\leqslant x}\sum_{j=1}^{+\infty}p_{ij},$

（2）随机变量 Y 的边缘分布律为

$$P\{Y=y_j\} = \sum_{i=1}^{\infty} P\{X=x_i, Y=y_j\} = \sum_{i=1}^{\infty} p_{ij} = p._j \quad j=1,2,\cdots,$$

边缘分布函数为 $F_Y(y) = P\{Y \leqslant y\} = F(+\infty, y) = \sum_{y_j \leqslant y} \sum_{i=1}^{+\infty} p_{ij},$

将二维离散型随机变量 (X,Y) 的联合分布列和边缘分布列在同一表 3 - 2 中

表 3 - 2

X \ Y	y_1	y_2	$\cdots$	$p_i.$
x_1	p_{11}	p_{12}	$\cdots$	$p_1.$
x_2	p_{21}	p_{22}	$\cdots$	$p_2.$
$\vdots$	$\vdots$	$\vdots$	$\vdots$	$\vdots$
$p._j$	$p._1$	$p._2$	$\cdots$	

3）二维连续型随机变量的边缘分布

对于二维连续型随机变量 (X,Y)，设它的联合概率密度为 $f(x,y)$，分布函数为 $F(x,y)$，则关于 X 和 Y 的边缘分布函数分别为

$$F_X(x) = P\{X \leqslant x\} = F(x,+\infty) = \int_{-\infty}^{x} \left[\int_{-\infty}^{+\infty} f(x,y)\mathrm{d}y \right] \mathrm{d}x,$$

$$F_Y(Y) = P\{Y \leqslant y\} = F(+\infty, y) = \int_{-\infty}^{y} \left[\int_{-\infty}^{+\infty} f(x,y)\mathrm{d}x \right] \mathrm{d}y,$$

记　　　　　$f_X(x) = \int_{-\infty}^{+\infty} f(x,y)\mathrm{d}y, f_Y(y) = \int_{-\infty}^{+\infty} f(x,y)\mathrm{d}x.$

分别称为二维连续型随机变量 (X,Y) 关于 X 和 Y 的边缘概率密度.

2. 条件分布

1）二维离散型随机变量的条件分布

设二维离散型随机变量 (X,Y) 的分布律为

$$P\{X=x_i, Y=y_j\} = p_{ij}, i,j=1,2,\cdots.$$

对于某一固定 j，若 $P\{Y=y_j\} > 0$，则称

$$P\{X=x_i \mid Y=y_j\}=\frac{P\{X=x_i,Y=y_j\}}{P\{Y=y_j\}}=\frac{p_{ij}}{p_{\cdot j}}, i=1,2,\cdots.$$

为在 $Y=y_j$ 的条件下,随机变量 X 的条件分布.

同样,对于某一固定 i,若 $P\{X=x_i\}>0$,则称

$$P\{Y=y_j \mid X=x_i\}=\frac{P\{X=x_i,Y=y_j\}}{P\{X=x_i\}}=\frac{p_{ij}}{p_{i\cdot}}, j=1,2,\cdots.$$

为在 $X=x_i$ 的条件下,随机变量 Y 的条件分布.

条件分布具有下列性质

(1) $P\{X=x_i \mid Y=y_j\}\geqslant 0, P\{Y=y_j \mid X=x_i\}\geqslant 0$;

(2) $\sum_{i=1}^{\infty} P\{X=x_i \mid Y=y_j\}=1, \sum_{j=1}^{\infty} P\{Y=y_j \mid X=x_i\}=1.$

2) 二维连续型随机变量的条件分布

由于连续型随机变量的概率密度相当于离散型随机变量的概率分布,因此仿照离散型随机变量的条件分布给出如下定义

定义 3.1 设二维连续型随机变量的联合概率密度为 $f(x,y)$,若对于固定的 $y,f_Y(y)>0$,则称

$$f_{X|Y}(x|y)=\frac{f(x,y)}{f_Y(y)}$$

为在 $Y=y$ 的条件下,随机变量 X 的条件概率密度(或条件分布).

称 $\qquad F_{X|Y}(x \mid y)=P\{X\leqslant x \mid Y=y\}=\int_{-\infty}^{x}\frac{f(x,y)}{f_Y(y)}\mathrm{d}x$

为在 $Y=y$ 的条件下,随机变量 X 的条件分布函数.

同样,若对于固定的 $x,f_X(x)>0$,则称

$$f_{Y|X}(y|x)=\frac{f(x,y)}{f_X(x)}$$

为在 $X=x$ 的条件下,随机变量 Y 的条件概率密度(或条件分布).

称 $\qquad F_{Y|X}(y \mid x)=P\{Y\leqslant y \mid X=x\}=\int_{-\infty}^{y}\frac{f(x,y)}{f_X(x)}\mathrm{d}y$

为在 $X=x$ 的条件下,随机变量 Y 的条件分布函数.

易见,$f_{X|Y}(x|y)$ 与 $f_{Y|X}(y|x)$ 满足作为概率密度的两个条件:

(1) $f_{X|Y}(x|y) \geqslant 0, f_{Y|X}(y|x) \geqslant 0$;

(2) $\int_{-\infty}^{+\infty} f_{X|Y}(x \mid y) \mathrm{d}x = \int_{-\infty}^{+\infty} f_{Y|X}(y \mid x) \mathrm{d}y = 1.$

3.1.3　相互独立的随机变量

1. 两个随机变量的独立性

设二维随机变量(X,Y)的联合分布函数及关于 X 和 Y 的边缘分布函数依次为 $F(x,y), F_X(x), F_Y(y)$,若对任意实数 x, y 都有 $F(x,y) = F_X(x)F_Y(y)$,则称随机变量 X 与 Y 相互独立.

2. 离散型随机变量的独立性

定理　设(X,Y)是二维离散型随机变量,如果对于(X,Y)的所有取值(x_i, y_j),都有

$$P\{X=x_i, Y=y_j\} = P\{X=x_i\}P\{Y=y_j\} \quad i,j=1,2,\cdots,$$

则离散型随机变量 X 和 Y 是相互独立的.

3. 连续型随机变量的独立性

1) **定理**　设二维连续型随机变量(X,Y)的联合概率密度及关于 X 和 Y 的边缘概率密度依次为 $f(x,y), f_X(x), f_Y(y)$,若对任意实数 x, y 都有

$$f(x,y) = f_X(x) \cdot f_Y(y).$$

则随机变量 X 和 Y 是相互独立的.

2) 若二维随机变量(X,Y)服从正态分布 $N(\mu_1, \mu_2, \sigma_1^2, \sigma_2^2, \rho)$,则 X 与 Y 相互独立的充分必要条件为 $\rho = 0$.

4. n 个随机变量的相互独立性

一般地,若 n 维随机变量$(X_1, X_2, \cdots, X_n)$的联合分布函数为 $F(x_1, x_2, \cdots, x_n)$,其边缘分布函数为 $F_{X_1}(x_1), F_{X_2}(x_2), \cdots, F_{X_n}(x_n)$,若对于任意的$(x_1, x_2, \cdots, x_n)$有

$$F(x_1, x_2, \cdots, x_n) = F_{X_1}(x_1)F_{X_2}(x_2)\cdots F_{X_n}(x_n).$$

成立,则称 $X_1, X_2, \cdots, X_n$ 是 n 个相互独立的随机变量.

如果 $X_1, X_2, \cdots, X_n$ 是连续型随机变量,其联合概率密度为 $f(x_1, x_2, \cdots, x_n)$,相应的边缘概率密度为 $f_{X_1}(x_1), f_{X_2}(x_2), \cdots, f_{X_n}(x_n)$,则它们相互独立

的充要条件为

$$f(x_1,x_2,\cdots,x_n)=f_{X_1}(x_1) \cdot f_{X_2}(x_2)\cdots f_{X_n}(x_n)$$

3.1.4 二维随机变量函数的分布

1. 和 $Z=X+Y$ 的分布

设(X,Y)是一个二维连续型随机变量,其联合密度为 $f(x,y)$,则 $Z=X+Y$ 的分布函数

$$F_Z(z) = P\{Z \leqslant z\} = P\{X+Y \leqslant z\} = \iint\limits_{x+y \leqslant z} f(x,y)\mathrm{d}x\mathrm{d}y,$$

这里积分区域 $G:x+y \leqslant z$ 是位于直线 $x+y=z$ 的左下方的半个平面,将二重积分化成累次积分得

$$F_Z(z) = \int_{-\infty}^{+\infty}\mathrm{d}x \int_{-\infty}^{z-x} f(x,y)\mathrm{d}y,$$

从而,Z 的概率密度为

$$f_Z(z) = \int_{-\infty}^{+\infty} f(z,z-x)\mathrm{d}x.$$

同理可得

$$f_Z(z) = \int_{-\infty}^{+\infty} f(z-y,y)\mathrm{d}y.$$

如果 X,Y 相互独立,上述公式成为

$$f_Z(z) = \int_{-\infty}^{+\infty} f_X(x) \cdot f_Y(z-x)\mathrm{d}x.$$

或

$$f_Z(z) = \int_{-\infty}^{+\infty} f_X(z-y) \cdot f_Y(y)\mathrm{d}y.$$

称为卷积公式.

由卷积公式可得,若 $X_i \sim N(\mu,\sigma_i^2),i=1,2,\cdots,n$,且它们相互独立,则它们的和 $Z = \sum_{i=1}^{n} X_i$ 仍然服从正态分布,并且有

$$Z \sim N(\sum_{i=1}^{n}\mu_i, \sum_{i=1}^{n}\sigma_i^2).$$

2. 最大值 $M = \max(X, Y)$ 及最小值 $N = \min(X, Y)$ 的分布

设 X, Y 是相互独立的随机变量,它们的分布函数分别为 $F_X(x)$ 和 $F_Y(y)$.

(1) 设 $M = \max(X, Y)$,则 M 的分布函数为:$F_M(z) = F_X(z) F_Y(z)$.

(2) 设 $N = \min(X, Y)$,则 N 的分布函数为:$F_N(z) = 1 - (1 - F_X(x))(1 - F_Y(y))$.

设随机变量 $X_1, X_2, \cdots, X_n$ 相互独立,且 X_i 的分布函数为 $F_i(x)(i = 1, 2, \cdots, n)$,则它们的最大值 $\max(X_1, X_2, \cdots, X_n)$ 的分布函数为:$F_{\max}(z) = \prod_{i=1}^{n} F_i(z)$,

最小值 $\min(X_1, X_2, \cdots, X_n)$ 的分布函数为:$F_{\min}(z) = 1 - \prod_{i=1}^{n}(1 - F_i(z))$.

特别地,当 $X_1, X_2, \cdots, X_n$ 相互独立且具有相同的分布函数 $F(x)$ 时,则有

$$F_{\max}(z) = [F(z)]^n, \quad F_{\min}(z) = 1 - [1 - F(z)]^n.$$

§3.2　释疑解惑

1. 二维随机变量 (X, Y) 的联合分布、边缘分布及条件分布之间存在什么样的关系?

答　由边缘分布与条件分布的定义与公式知,联合分布唯一确定边缘分布,因而也唯一确定条件分布.反之,边缘分布与条件分布都不能唯一确定联合分布.但由 $f(x, y) = f_X(x) \cdot f_{Y|X}(y|x)$ 知,一个条件分布和它对应的边缘分布,能唯一确定联合分布.

例如,二维正态分布 $(X, Y) \sim N(\mu_1, \mu_2, \sigma_1^2, \sigma_2^2, \rho)$ 的边缘分布是一维正态分布 $X \sim N(\mu_1, \sigma_1^2), Y \sim N(\mu_2, \sigma_2^2)$,与相关系数 ρ 无关;而边缘分布 X, Y 因为相关系数不同可以得到不同的联合分布.

但是,如果 X,Y 相互独立,则 $P\{X\leqslant x,Y\leqslant y\}=P\{X\leqslant x\}\cdot P\{Y\leqslant y\}$,即 $F(x,y)=F_X(x)\cdot F_Y(y)$.说明当 X,Y 独立时,边缘分布也唯一确定联合分布,从而条件分布也唯一确定联合分布.

2. 多维随机变量的边缘分布与一维随机变量的分布之间有什么联系与区别?

答　从某种意义上讲,可以说多维随机变量的边缘分布是一维随机变量.如二维正态分布 $(X,Y)\sim N(\mu_1,\mu_2,\sigma_1^2,\sigma_2^2,\rho)$ 的边缘分布 $X\sim N(\mu_1,\sigma_1^2)$,$Y\sim N(\mu_2,\sigma_2^2)$,也是有一维分布的性质.

但是从严格的整体意义上讲,多维随机变量的边缘分布是定义在多维空间上的,而一维分布是定义在平面域上的.例如二维随机变量 (X,Y) 关于 X 的边缘分布 $F_X(x)$ 表示 (X,Y) 落在区域 $\{-\infty<X\leqslant x,-\infty<Y<+\infty\}$ 上的概率,而一维随机变量 X 的分布函数 $F(x)$ 表示 X 落在区间 $(-\infty,x]$ 上的概率,两者是有区别的.

3. 为什么不能用条件概率的定义直接定义连续型随机变量的条件分布?

解　在条件概率中,我们规定 $P(A|B)=P(AB)/P(B)$,$P(B)>0$,即分母要大于 0,对离散型随机变量,我们只要遵循这一原则,是可以用条件概率定义直接定义条件分布的,即

$$P\{X=x_i|Y=y_j\}=P\{X=x_i,Y=y_j\}/P\{Y=y_j\}$$
$$=p_{ij}/p._j,$$

其中 $P\{Y=y_j\}>0$,$i=1,2,\cdots$,

但是,对连续型随机变量来说,因为在任一点 (x,y),都有 $P\{X=x\}=0$,$P\{Y=y\}=0$,所以不能用条件概率定义来定义条件分布,必须给出一个区间 $\{x-\varepsilon<X<x+\varepsilon\}$ 或 $\{y-\varepsilon<Y<y+\varepsilon\}$,使 $P\{x-\varepsilon<X\leqslant x+\varepsilon\}>0$ 或 $P\{y-\varepsilon<Y<y+\varepsilon\}>0$,然后利用极限概念来定义条件分布.如

$$F_{X|Y}(x|y)=P\{X\leqslant x|Y=y\}$$
$$=\lim_{\varepsilon\to0^+}P\{X\leqslant x|y-\varepsilon<Y\leqslant y+\varepsilon\}$$

$$= \lim_{\varepsilon \to 0^+} \frac{P\{X \leqslant x, y - \varepsilon < Y \leqslant y + \varepsilon\}}{P\{y - \varepsilon < Y \leqslant y + \varepsilon\}}.$$

4. 怎样从二维随机变量 (X,Y) 的概率密度来判别随机变量 X 和 Y 的独立性?

答　因为,若 $f(x,y) = f_X(x) \cdot f_Y(y)$,则随机变量 X 和 Y 相互独立.所以,如果能将 $f(x,y)$ 分解成两个分别只含 x 或 y 的非负函数的乘积,即

$$f(x,y) = g(x) \cdot h(y),$$

那么,可以确定组成 (X,Y) 的 X,Y 是相互独立的随机变量.

5. 随机变量相互独立与事件相互儿独立的区别和联系.

答　随机变量 X 和 Y 相互独立是指 X 与 Y 中的一个分量的取值不受另一分量取值的影响,也就是 $P\{X \leqslant x, Y \leqslant y\} = P\{X \leqslant x\} P\{Y \leqslant y\}$.而两个相互独立指两事件中一个事件的发生不受另一个事件的发生与否的影响,即 $P(AB) = P(A)P(B)$.两者显然是不同的.

若二维随机变量 (X,Y) 的两分量看做在试验 E 的过程中在某一样本空间取的两个一维随机变量,事件是试验 E 的同一样本空间中的两事件 $A = X \leqslant x, B = Y \leqslant y$,则两者的独立性是一致的.在许多情况下,在研究随机变量的独立性时,可以将之转化为事件的相互独立性研究.

6. 常见的两个相互独立且服从同类分布的随机变量函数的分布.

(1) 设 X, Y 是相互独立的随机变量,它们分别服从参数为 λ_1, λ_2 的泊松分布,则 $Z = X + Y$ 服从参数为 $\lambda_1 + \lambda_2$ 的泊松分布.

(2) 设 X, Y 是相互独立的随机变量,X 服从参数为 n_1, p 的二项分布,Y 服从参数为 n_2, p 的二项分布,则 $Z = X + Y$ 服从参数为 $n_1 + n_2, p$ 的二项分布.

(3) 设 X, Y 是相互独立的随机变量,它们分别服从正态分布 $N(\mu_1, \sigma_1^2)$, $N(\mu_2, \sigma_2^2)$,则 $Z = X + Y$ 服从正态分布 $N(\mu_1 + \mu_2, \sigma_1^2 + \sigma_2^2)$.

(4) 设 X, Y 是相互独立的随机变量,它们分别服从参数为 $\alpha_1, \beta; \alpha_2, \beta$ 的 Γ 分布,则 $Z = X + Y$ 服从参数为 $(\alpha_1 + \alpha_2, \beta)$ 的 Γ 分布.

(5) 设 X, Y 是相互独立的随机变量,$X \sim \chi^2(n_1), Y \sim \chi^2(n_2)$,则 $Z = X +$

$Y \sim \chi^2(n_1 + n_2)$.

(6) 设 X, Y 是相互独立的随机变量, X 服从参数为 α 的指数分布, Y 服从参数为 β 的指数分布, 即它们的概率密度分别为 $f(x) = \begin{cases} \alpha e^{-\alpha x} & x > 0 \\ 0 & x \leqslant 0 \end{cases}$,

$g(y) = \begin{cases} \beta e^{-\beta y} & y > 0 \\ 0 & y \leqslant 0 \end{cases}$, 则 $Z = \min(X, Y)$ 服从参数为 $\alpha + \beta$ 的指数分布, 其概率密度为 $h(z) = \begin{cases} (\alpha + \beta) e^{-(\alpha + \beta) x} & z > 0 \\ 0, & z \leqslant 0 \end{cases}$.

(7) 设 X, Y 是相互独立的随机变量, 它们都服从正态分布 $N(0, \sigma^2)$, 则 $Z = \sqrt{X^2 + Y^2}$ 服从参数为 $\sigma(\sigma > 0)$ 的瑞利分布, 其概率密度为

$$f(z) = \begin{cases} \dfrac{z}{\sigma^2} e^{-\frac{z^2}{2\sigma^2}} & z \geqslant 0 \\ 0 & z < 0 \end{cases}.$$

§3.3 典型问题解析

1. 求离散型二维随机变量的分布律

例 3.1.1   设 X 在 $1, 2, 3$ 中任取一值后, Y 再从 1 到 X 中任取一整数. 试求 (X, Y) 的分布列.

解 (X, Y) 的可能值有: $(1,1), (2,1), (2,2), (3,1), (3,2), (3,3)$. 利用事件的乘法公式

$$P(X = i, Y = j) = P(X = i) P(Y = j \mid X = i), \quad i, j = 1, 2, 3 \text{ 计算得}$$

$$P(X = 1, Y = 1) = P(X = 1) P(Y = 1 \mid X = 1) = \frac{1}{3} \times 1 = \frac{1}{3},$$

$$P(X = 2, Y = 1) = P(X = 2) P(Y = 1 \mid X = 2) = \frac{1}{3} \times \frac{1}{2} = \frac{1}{6},$$

$$P(X = 2, Y = 2) = P(X = 2) P(Y = 2 \mid X = 2) = \frac{1}{3} \times \frac{1}{2} = \frac{1}{6},$$

同理得 $P(X=3,Y=1)=P(X=3,Y=2)=P(X=3,Y=3)=\dfrac{1}{3}\times$

$\dfrac{1}{3}=\dfrac{1}{9}$.

则 (X,Y) 的分布列为

X \ Y	1	2	3
1	$\dfrac{1}{3}$	0	0
2	$\dfrac{1}{6}$	$\dfrac{1}{6}$	0
3	$\dfrac{1}{9}$	$\dfrac{1}{9}$	$\dfrac{1}{9}$

2. 二维离散型随机变量的分布函数的求法

设二维离散型随机变量 (X,Y) 的分布律为 $P\{X=x_i,Y=y_j\}=p_{ij}(i,j=1,2,\cdots)$，则 $F(x,y)=\displaystyle\sum_{x_i\leqslant x}\sum_{y_j\leqslant y}p_{ij}$，实际求的过程中必须分区域计算.

例 3.2.1 求 (X,Y) 的分布函数，已知 (X,Y) 的分布律为

X \ Y	1	2
1	0	$\dfrac{1}{3}$
2	$\dfrac{1}{3}$	$\dfrac{1}{3}$

解 当 $x<1$ 或 $y<1$ 时，$F(x,y)=P\{X\leqslant x,Y\leqslant y\}=P\{\varnothing\}=0$；

当 $1\leqslant x<2,1\leqslant y<2$ 时，$F(x,y)=p_{11}=0$；

当 $1\leqslant x<2,y\geqslant2$ 时，$F(x,y)=p_{11}+p_{12}=\dfrac{1}{3}$；

当 $x\geqslant2,1\leqslant y<2$ 时，$F(x,y)=p_{11}+p_{21}=\dfrac{1}{3}$；

当 $x\geqslant2,y\geqslant2$ 时，$F(x,y)=p_{11}+p_{12}+p_{21}+p_{22}=1$.

所以　$F(x,y)=\begin{cases}0, & x<1 \text{ 或 } y<1 \text{ 或 } 1\leqslant x<2,1\leqslant y<2 \\ \dfrac{1}{3}, & 1\leqslant x<2,y\geqslant2 \text{ 或 } x\geqslant2,1\leqslant y<2 \\ 1, & x\geqslant2,y\geqslant2\end{cases}$　.

3. 求离散型二维随机变量的边缘分布和条件分布

例 3.3.1　从装有 3 只黑球和 2 只白球的袋中连续摸二次球,每次摸一个.设随机变量:$X=0$ 表示第一次摸到一个黑球,$X=1$ 表示第一次摸到一个白球;设随机变量:$Y=0$ 表示第二次摸到一个黑球,$Y=1$ 表示第二次摸到白球.分别求两种摸法:(1) 有放回摸球;(2) 无放回摸球,(X,Y) 的联合分布列和边缘分布列.

解　(X,Y) 的可能值有 $(0,0),(0,1),(1,0),(1,1)$ 利用事件的乘法公式

$$P(X=i,Y=j)=P(X=i)P(Y=j\,|\,X=i),\ i,j=1,2,3 \text{ 计算得}$$

(1) 有放回摸球

$$P(X=0,Y=0)=P(X=0)P(Y=0\,|\,X=0)=\frac{3}{5}\times\frac{3}{5}=\frac{9}{25},$$

$$P(X=0,Y=1)=P(X=0)P(Y=1\,|\,X=0)=\frac{3}{5}\times\frac{2}{5}=\frac{6}{25},$$

同理计算得 $P(X=1,Y=0)=\dfrac{6}{25},P(X=1,Y=1)=\dfrac{4}{25}.$

有放回摸球的联合分布与边缘分布表为

X＼Y	0	1	$p_i.$
0	$\dfrac{9}{25}$	$\dfrac{6}{25}$	$\dfrac{3}{5}$
1	$\dfrac{6}{25}$	$\dfrac{4}{25}$	$\dfrac{2}{5}$
$p._j$	$\dfrac{3}{5}$	$\dfrac{2}{5}$	1

(2) 无放回摸球

$$P(X=0,Y=0)=P(X=0)P(Y=0\,|\,X=0)=\frac{3}{5}\times\frac{2}{4}=\frac{6}{20},$$

$$P(X=0,Y=2)=P(X=0)P(Y=1\mid X=0)=\frac{3}{5}\times\frac{2}{4}=\frac{6}{20},$$

同理计算得 $P(X=1,Y=0)=\dfrac{6}{20},P(X=1,Y=1)=\dfrac{2}{20}.$

无放回摸球的联合分布与边缘分布表为：

X＼Y	0	1	$p_i.$
0	$\dfrac{6}{20}$	$\dfrac{6}{20}$	$\dfrac{3}{5}$
1	$\dfrac{6}{20}$	$\dfrac{2}{20}$	$\dfrac{2}{5}$
$p._j$	$\dfrac{3}{5}$	$\dfrac{2}{5}$	1

例 3.3.2　设 X,Y 的联合分布列如下：

X＼Y	0	1	2
1	$\dfrac{1}{5}$	$\dfrac{1}{5}$	0
2	0	$\dfrac{1}{5}$	0
3	0	$\dfrac{1}{5}$	$\dfrac{1}{5}$

试求：(1) (X,Y) 的边缘分布列；(2) X 的条件分布列.

解　(1) 分别按行按列作和,得边缘分布列

X＼Y	0	1	2	$p_i.$
1	$\dfrac{1}{5}$	$\dfrac{1}{5}$	0	$\dfrac{2}{5}$
2	0	$\dfrac{1}{5}$	0	$\dfrac{1}{5}$
3	0	$\dfrac{1}{5}$	$\dfrac{1}{5}$	$\dfrac{2}{5}$
$p._j$	$\dfrac{1}{5}$	$\dfrac{3}{5}$	$\dfrac{1}{5}$	1

(2) 由公式

$$P(X=i|Y=j)=\frac{P(X=i,Y=j)}{P(Y=j)},i,j=1,2,3$$

计算得

$$P(X=1|Y=0)=\frac{P(X=1,Y=0)}{P(Y=0)}=\frac{1/5}{1/5}=1,$$

$$P(X=2|Y=0)=\frac{P(X=2,Y=0)}{P(Y=0)}=\frac{0}{1/5}=0,$$

$$P(X=3|Y=0)=\frac{P(X=1,Y=0)}{P(Y=0)}=\frac{0}{1/5}=0,$$

同理计算得

$$P(X=1|Y=1)=\frac{1}{3},P(X=2|Y=1)=\frac{1}{3},P(X=3|Y=1)=\frac{1}{3},$$

$$P(X=1|Y=2)=0,P(X=2|Y=2)=0,P(X=3|Y=2)=1.$$

从而 X 的条件分布列为：

X	1	2	3
$P(X=x_i|Y=0)$	1	0	0
$P(X=x_i|Y=1)$	$\frac{1}{3}$	$\frac{1}{3}$	$\frac{1}{3}$
$P(X=x_i|Y=2)$	0	0	1

4. 求连续型二维随机变量的概率密度与分布函数

例 3.4.1　设二维随机变量 (X,Y) 的密度为

$$f(x,y)=\begin{cases}Ce^{-2x-3y} & x>0,y>0 \\ 0 & \text{其他}\end{cases},$$

试求：(1) 常数 C；(2) 分布函数 $F(x,y)$；(3) $P(X\leqslant Y)$.

解　(1) 由规范性,有

$$1=\int_{-\infty}^{+\infty}\int_{-\infty}^{+\infty}f(x,y)\mathrm{d}x\mathrm{d}y=\int_0^{+\infty}\int_0^{+\infty}Ce^{-2x-3y}\mathrm{d}x\mathrm{d}y$$

$$=C\int_0^{+\infty}e^{-2x}\mathrm{d}x\int_0^{+\infty}e^{-3y}\mathrm{d}y=\frac{C}{6},$$

则 $C = 6$.

（2）分布函数为

$$F(x,y) = \begin{cases} \displaystyle\int_0^x \int_0^y 6\mathrm{e}^{-2u-3v}\,\mathrm{d}u\mathrm{d}v = \int_0^x 2\mathrm{e}^{-2u}\,\mathrm{d}u \int_0^y 3\mathrm{e}^{-3v}\,\mathrm{d}v = (1-\mathrm{e}^{-2x})(1-\mathrm{e}^{-3y}) \\ \hspace{9cm} x>0, y>0 \\ 0 \qquad \text{其他} \end{cases}$$

（3）$P(X \leqslant Y) = \displaystyle\iint\limits_{x\leqslant y} f(x,y)\,\mathrm{d}x\mathrm{d}y = \int_0^{+\infty}\left(\int_x^{+\infty} 6\mathrm{e}^{-2x-3y}\,\mathrm{d}y\right)\mathrm{d}x = \int_0^{+\infty} 2\mathrm{e}^{-5x}\,\mathrm{d}x$

$= \dfrac{2}{5}$.

例 3.4.2　设 $D = \{(x,y) \mid 0<y<x<1\}$，且 $(X,Y)\sim U(D)$. 试求 (X,Y) 的密度.

解　容易求得区域 D 的面积 $A = \dfrac{1}{2}$，从而得 (X,Y) 的密度. 为

$$f(x,y) = \begin{cases} \dfrac{1}{1/2} = 2 & 0<y<x<1 \\ 0 & \text{其他} \end{cases}.$$

5. 二维连续型随机变量的分布函数的求法

连续型随机变量的概率密度为 $f(x,y)$，则分布函数 $F(x,y) = \displaystyle\int_{-\infty}^x \int_{-\infty}^y f(x,y)\,\mathrm{d}x\mathrm{d}y$. 若 $f(x,y)$ 的取值不分区域，则求二次积分即可求出 $F(x,y)$；若 $f(x,y)$ 分区域定义时，则先绘 $f(x,y)$ 取零的区域 D，再将各边界延长为直线，它们将整个平面分成若干个区域. 然后再根据公式 $P\{(x,y)\in G\} = \displaystyle\iint\limits_G f(x,y)\,\mathrm{d}x\mathrm{d}y$，求出分布函数 $F(x,y)$.

例 3.5.1　设 (X,Y) 在区域 D 上服从均匀分布，求分布函数，其中 D 为 x 轴、y 轴及 $y = x+1$ 所围成的三角形.

解　当 $x<-1$ 或 $y<0$ 时，$f(x,y) = 0$，$F(x,y) = 0$；

当 $-1 \leqslant x<0, 0 \leqslant y<x+1$ 时，$F(x,y) = \displaystyle\int_0^y \mathrm{d}Y\int_{Y-1}^x 2\mathrm{d}X = 2y(x+1)$

$-y^2 = (2x - y + 2)y;$

当 $-1 \leqslant x < 0, y \geqslant x+1$ 时，$F(x,y) = \int_{-1}^{x} \mathrm{d}X \int_{0}^{X+1} 2\mathrm{d}Y = (x+1)^2;$

当 $x \geqslant 0, 0 \leqslant y < 1$ 时，$F(x,y) = \int_{0}^{y} \mathrm{d}Y \int_{Y-1}^{0} 2\mathrm{d}X = (2-y)y;$

当 $x \geqslant 0, y \geqslant 1$ 时，$F(x,y) = 1.$ 故

$$F(x,y) = \begin{cases} 0 & x < -1 \text{ 或 } y < 0 \\ (2x-y+2)y & -1 \leqslant x < 0, 0 \leqslant y < x+1 \\ (x+1)^2 & -1 \leqslant x < 0, y \geqslant x+1 \\ (2-y)y & x \geqslant 0, 0 \leqslant y < 1 \\ 1 & x \geqslant 0, y \geqslant 1 \end{cases}.$$

6. 求连续型二维随机变量的边缘概率密度和条件概率密度

例3.6.1　随机点 (X,Y) 在单位圆 $D = \{(x,y) | x^2 + y^2 < 1\}$ 内均匀取值，试求关于 X, Y 的边缘密度.

解　显然 $(X,Y) \sim U(D)$，其概率密度为

$$f(x,y) = \begin{cases} \dfrac{1}{\pi} & x^2 + y^2 < 1 \\ 0 & \text{else} \end{cases}.$$

其边缘密度，当 $|x| < 1$ 时，有

$$f_X(x) = \int_{-\infty}^{+\infty} f(x,y)\mathrm{d}y = \int_{-\sqrt{1-x^2}}^{\sqrt{1-x^2}} \frac{1}{\pi}\mathrm{d}y = \frac{2\sqrt{1-x^2}}{\pi};$$

当 $|x| \geqslant 1$ 时 $f_X(x) = 0$，

所以　　　　　　$f_X(x) = \begin{cases} \dfrac{2\sqrt{1-x^2}}{\pi} & |x| < 1 \\ 0 & \text{其他} \end{cases}.$

同理可得　　　　$f_Y(y) = \begin{cases} \dfrac{2\sqrt{1-y^2}}{\pi} & |y| < 1 \\ 0 & \text{其他} \end{cases}.$

7. 判别随机变量的相互独立性

例3.7.1　设 X 和 Y 的联合分布列为

X ╲ Y	1	2	3
1	$\dfrac{1}{6}$	$\dfrac{1}{9}$	$\dfrac{1}{18}$
2	$\dfrac{1}{3}$	a	b

问当 a,b 各为何值时,X 和 Y 相互独立?

解　计算 X 和 Y 的联合分布列和边缘分布列如下表

X ╲ Y	1	2	3	$p_i.$
1	$\dfrac{1}{6}$	$\dfrac{1}{9}$	$\dfrac{1}{18}$	$\dfrac{1}{3}$
2	$\dfrac{1}{3}$	a	b	$\dfrac{1}{3}+a+b$
$p._j$	$\dfrac{1}{2}$	$\dfrac{1}{9}+a$	$\dfrac{1}{18}+b$	1

根据 $p_{ij}=p_i.\ p._j$,取 $p_{21}=p_2.\ p._1$ 与 $p_{13}=p_1.\ p._3$ 有

$$\frac{1}{3}=\left(\frac{1}{3}+a+b\right)\times\frac{1}{2}\ 及\ \frac{1}{18}=\frac{1}{3}\left(\frac{1}{18}+b\right),$$

解得 $a=\dfrac{2}{9},b=\dfrac{1}{9}$,将解逐一地代入各式验证都成立.

所以,当 $a=\dfrac{2}{9},b=\dfrac{1}{9}$ 时,X 和 Y 相互独立.

例 3.7.2　设随机点 (X,Y) 在矩形 $D=\{(x,y)\,|\,0<x<1,0<y<1\}$ 内均匀投点. 试讨论 X,Y 的独立性.

解　显然 $(X,Y)\sim U(D)$,所以 X,Y 的联合密度为

$$f(x,y)=\begin{cases}1 & 0<x<1,0<y<1\\0 & 其他\end{cases}.$$

关于 X,Y 边缘密度分别是

$$f_X(x)=\begin{cases}\int_0^1\mathrm{d}y=1 & 0<x<1\\0 & 其他\end{cases};f_Y(y)=\begin{cases}\int_0^1\mathrm{d}x=1 & 0<y<1\\0 & 其他\end{cases}.$$

由于 $f(x,y)=f_X(x)f_Y(y)$,所以 X,Y 相互独立.

例 3.7.3 已知 $X\sim U(0,1)$,当 X 取定 x 时,则 $Y\sim U(0,x)$.试求:
(1) X,Y 的联合分布密度 $f(x,y)$;(2) 关于 Y 的边缘密度 $f_Y(y)$.

解 (1) $X\sim U(0,1)$,其概率密度为 $f(x)=\begin{cases} 1 & 0<x<1 \\ 0 & \text{其他} \end{cases}$,

由题意分析知,$Y\sim U(0,x)$ 是当 $X=x$ 时的条件分布,则 Y 条件密度为

$$f(y\mid x)=\begin{cases} \dfrac{1}{x} & 0<x<y<1 \\ 0 & \text{其他} \end{cases},$$

从而得 $f(x,y)=f_X(x)f(y\mid x)=\begin{cases} 1\times\dfrac{1}{x}=\dfrac{1}{x} & 0<x<y<1 \\ 0 & \text{其他} \end{cases}$.

(2) 关于 Y 的边缘密度为

$$f_Y(y)=\int_{-\infty}^{+\infty}f(x,y)\mathrm{d}x=\begin{cases} \displaystyle\int_0^y \dfrac{1}{x}\mathrm{d}x=-\ln y & 0<y<1 \\ 0 & \text{其他} \end{cases}.$$

8. 求随变量和 $Z=X+Y$ 分布

例 3.8.1 设 X,Y 独立同均匀分布 $U(0,1)$.试求 $Z=X+Y$ 的分布密度.

解 X,Y 的分布密度分别为

$$f_X(x)=\begin{cases} 1 & 0<x<1 \\ 0 & \text{其他} \end{cases};\quad f_Y(y)=\begin{cases} 1 & 0<y<1 \\ 0 & \text{其他} \end{cases}.$$

由卷积公式,得

$$f_Z(z)=\int_{-\infty}^{+\infty}f_X(x)f_Y(z-x)\mathrm{d}x=\int_0^1 1\times f_Y(z-x)\mathrm{d}x$$

$$\xrightarrow{\text{令}\ t=z-x}\int_{z-1}^z f_Y(t)\mathrm{d}t.$$

由于 $0\leqslant f_Y(t)\leqslant1$,而 t 的积分区间为 $(z-1,z)$.分析 $(0,1)$ 与 $(z-1,z)$ 这两个区间的四种位置关系,得

$$f_Z(z) = \int_{z-1}^{z} f_Y(t)\,\mathrm{d}t = \begin{cases} \int_0^z 1\mathrm{d}t = z & 0 \leqslant z \leqslant 1 \\ \int_{z-1}^1 1\mathrm{d}t = 2-z & 1 < z \leqslant 2. \\ 0 & \text{其他} \end{cases}$$

例 3.8.2 设 X,Y 独立同分布 $N(0,1)$. 试求 $Z = X+Y$ 的分布密度.

解 由卷积公式得

$$f_Z(z) = \int_{-\infty}^{+\infty} f_X(x)f_Y(z-x)\,\mathrm{d}x = \int_{-\infty}^{+\infty} \frac{1}{2\pi}\mathrm{e}^{-\frac{x^2}{2}}\mathrm{e}^{-\frac{(z-x)^2}{2}}\,\mathrm{d}x$$

$$= \frac{1}{2\pi}\int_{-\infty}^{+\infty}\mathrm{e}^{-\left(x^2-zx+\frac{z^2}{2}\right)}\,\mathrm{d}x = \frac{\mathrm{e}^{-\frac{z^2}{4}}}{2\pi}\int_{-\infty}^{+\infty}\mathrm{e}^{-\left(x-\frac{z}{2}\right)^2}\,\mathrm{d}x$$

$$= \frac{\mathrm{e}^{-\frac{z^2}{4}}}{\sqrt{2\pi}\sqrt{2}}\int_{-\infty}^{+\infty}\frac{1}{\sqrt{2\pi}}\mathrm{e}^{\frac{-t^2}{2}}\,\mathrm{d}t = \frac{1}{\sqrt{2\pi}\sqrt{2}}\mathrm{e}^{-\frac{z^2}{2(\sqrt{2})^2}}, z \in \mathrm{R},$$

即 $$Z = X+Y \sim N(0,2).$$

9. 求随机变量 (X,Y) 的函数 $Z = \max(X,Y), Z = \min(X,Y)$ 的分布

例 3.9.1 设系统 L 由两个相互独立的子系统联接而成, 联接方式分别为 (1) 并联; (2) 串联; (3) 备用 (当第一个子系统损坏后第二个子系统才接上开始工作), 如图 3-1. 已知两个子系统的寿命 X 和 Y 均服从参数为 1 的指数分布 $E(1)$. 试分别就三种联接方式求系统 L 的寿命 Z 的密度.

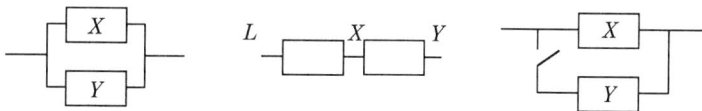

图 3-1

解 由题意知 X 和 Y 相互独立且同分布, 则

$$f_X(z) = f_Y(z) = \begin{cases} \mathrm{e}^{-z} & z>0 \\ 0 & z \leqslant 0 \end{cases}, \quad F_X(z) = F_Y(z) = \begin{cases} 1-\mathrm{e}^{-z} & z>0 \\ 0 & z \leqslant 0 \end{cases}.$$

(1) 并联时, 由于仅当两个子系统都损坏时, L 才停止工作, 因此 L 的寿命分布函数为最大值 $Z = \max(X,Y)$ 分布

$$F_Z(z) = F_X(z)F_Y(z) = \begin{cases} (1-e^{-z})^2 & z>0 \\ 0 & z \leq 0 \end{cases},$$

则其概率密度为 $f_Z(z) = F_Z'(z) = \begin{cases} 2(1-e^{-z})e^{-z} & z>0 \\ 0 & z \leq 0 \end{cases}.$

(2) 串联时,由于两个子系统中有一个损坏时,L 就停止工作,因此 L 的寿命分布函数为最小值 $Z = \min(X,Y)$ 分布

$$F_Z(z) = 1-[1-F_X(z)][1-F_Y(z)] = \begin{cases} 1-e^{-2z} & z>0 \\ 0 & z \leq 0 \end{cases},$$

则其概率密度为 $f_Z(z) = F_Z'(z) = \begin{cases} 2e^{-2z} & z>0 \\ 0 & z \leq 0 \end{cases}.$

(3) 备用时,由于当第一个子系统损坏后第二个子系统才接上开始工作,因此 L 的寿命为 $Z = X + Y$ 的分布,由卷积公式得 Z 的密度

$$f_Z(z) = \int_{-\infty}^{\infty} f(x)f(z-x)\mathrm{d}x = \begin{cases} \int_0^z e^{-x}e^{-(z-x)}\mathrm{d}x & z>0 \\ 0 & z \leq 0 \end{cases}$$

$$= \begin{cases} ze^{-z} & z>0 \\ 0 & z \leq 0 \end{cases}.$$

例 3.9.2 (X,Y) 的分布如下表. 设 $M = \max(X,Y)$,$N = \min(X,Y)$. 试求 (M,N) 的联合分布列.

X \ Y	1	3
0	a	b
2	c	d

解 先求 (M,N) 的边缘分布列

$$M \sim \begin{pmatrix} 1 & 2 & 3 \\ a & c & b+d \end{pmatrix}, N \sim \begin{pmatrix} 0 & 1 & 2 \\ a+b & c & d \end{pmatrix}.$$

从而得到 (M,N) 的联合分布列为

M \ N	0	1	2
1	a	0	0
2	0	c	0
3	b	0	d

10. 求随机变量其他函数的分布

例 3.10.1 打靶,设弹着点 $A(X,Y)$ 的坐标 X,Y 相互独立,且都服从 $N(0,1)$ 分布,规定点 A 落在区域 $D_1 = \{(x,y) \mid x^2 + y^2 \leqslant 1\}$ 得 2 分;点 A 落在区域 $D_2 = \{(x,y) \mid 1 \leqslant x^2 + y^2 \leqslant 4\}$ 得 1 分;点 A 落在区域 $D_3 = \{(x,y) \mid x^2 + y^2 > 4\}$ 得 0 分. 以 Z 记靶的得分. 写出 X,Y 的联合分布概率密度,并求 Z 分布律.

解 X,Y 相互独立,且都服从 $N(0,1)$ 分布,所以其联合概率密度为

$$f(x,y) = \frac{1}{\sqrt{2\pi}} e^{-\frac{x^2}{2}} \frac{1}{\sqrt{2\pi}} e^{-\frac{y^2}{2}} = \frac{1}{2\pi} e^{-\frac{x^2+y^2}{2}}$$

Z 的可能取值为 $0,1,2$,则

$$P(Z=0) = P((X,Y) \in D_3) = \iint\limits_{D_3} \frac{1}{2} e^{-\frac{x^2+y^2}{2}} \mathrm{d}x \mathrm{d}y$$

$$= 1 - \int_0^{2\pi} \mathrm{d}\theta \int_0^2 \frac{1}{2} e^{-\frac{r^2}{2}} r \mathrm{d}r = e^{-2}$$

$$P(Z=1) = P((X,Y) \in D_2) = \iint\limits_{D_2} \frac{1}{2} e^{-\frac{x^2+y^2}{2}} \mathrm{d}x \mathrm{d}y$$

$$= 1 - \int_0^{2\pi} \mathrm{d}\theta \int_1^2 \frac{1}{2} e^{-\frac{r^2}{2}} r \mathrm{d}r = e^{-\frac{1}{2}} - e^{-2}$$

$$P(Z=2) = P((X,Y) \in D_1) = \iint\limits_{D_1} \frac{1}{2} e^{-\frac{x^2+y^2}{2}} \mathrm{d}x \mathrm{d}y$$

$$= 1 - \int_0^{2\pi} \mathrm{d}\theta \int_0^1 \frac{1}{2} e^{-\frac{r^2}{2}} r \mathrm{d}r = 1 - e^{-\frac{1}{2}}$$

所以,Z 分布律为

$$Z \sim \begin{bmatrix} 0 & 1 & 2 \\ e^{-2} & e^{-\frac{1}{2}} - e^{-2} & 1 - e^{-\frac{1}{2}} \end{bmatrix}.$$

例 3.10.2　设随机变量 X,Y 相互独立,其概率密度分别为

$$f_X(x)=\begin{cases}\lambda e^{-\lambda x} & x>0 \\ 0 & x\leqslant 0\end{cases},\ f_Y(y)=\begin{cases}\mu e^{-\mu y} & y>0 \\ 0 & y\leqslant 0\end{cases},$$

其中 $\lambda>0,\mu>0$ 是常数,引入随机就量 $Z=\begin{cases}1,X\leqslant Y \\ 0,X>Y\end{cases}$,求 Z 的分布律和分布函

数.

解　(1) 由于 X,Y 相互独立,所以 (X,Y) 的联合概率密度为

$$f(x,y)=f_X(x)f_Y(y)=\begin{cases}\lambda\mu e^{-\lambda x-\mu y} & x>0,y>0 \\ 0 & \text{其他}\end{cases}.$$

因 $Z=1$ 就是 $X\leqslant Y$,所以

$$P(Z=1)=P(X\leqslant Y)=\lambda\mu\iint\limits_{0<x\leqslant y}e^{-\lambda x-\mu y}\mathrm{d}x\mathrm{d}y$$

$$=\lambda\mu\int_0^{+\infty}\mathrm{d}x\int_x^{+\infty}e^{-\lambda x-\mu y}\mathrm{d}y=\frac{\lambda}{\lambda+\mu}$$

$$P(Z=0)=1-P(Z=1)=1-\frac{\lambda}{\lambda+\mu}=\frac{\mu}{\lambda+\mu}$$

故　Z 的分布律为

Z	0	1
P_z	$\lambda/(\lambda+\mu)$	$\mu/(\lambda+\mu)$

(2) 设 Z 的分布函数为 $F_Z(z)$.

当 $z<0$ 时,$F_Z(z)=0$;

当 $0\leqslant z<1$ 时,$F_Z(z)=\lambda/(\lambda+\mu)$;

当 $z\geqslant 1$ 时,$F_Z(z)=\lambda/(\lambda+\mu)+\mu/(\lambda+\mu)=1$.

故,Z 的分布函数为

$$F_Z(z)=\begin{cases}0 & z<0 \\ \lambda/(\lambda+\mu) & 0\leqslant z<1 \\ 1 & z\geqslant 1\end{cases}.$$

§3.4　考研类型题解析

一、填空题

例 3.1　设平面区域 D 由曲线 $y=\dfrac{1}{x}$，$y=0$，$x=1$，$x=\mathrm{e}^2$ 所围成，二维随机变量 (X,Y) 在区域 D 上服从均匀分布，则 (X,Y) 的关于 X 边缘概率密度在 $x=2$ 的值为（　　）.

答　应填 $\dfrac{1}{4}$.

由于 (X,Y) 在区域 D 上服从均匀分布，则 (X,Y) 的联合概率密度为

$$f(x,y)=\begin{cases}\dfrac{1}{S_D} & (x,y)\in D \\[2mm] 0 & (x,y)\notin D\end{cases}.$$

而

$$S_D=\int_1^{\mathrm{e}^2}\mathrm{d}x\int_0^{\frac{1}{x}}\mathrm{d}y=\int_1^{\mathrm{e}^2}\frac{1}{x}\mathrm{d}x=2.$$

(X,Y) 的关于 X 边缘概率密度

$$f_X(x)=\int_0^{\frac{1}{x}}\frac{1}{2}\mathrm{d}y=\frac{1}{2x},1\leqslant x\leqslant \mathrm{e}^2;$$

故

$$f_X(2)=\frac{1}{4}.$$

二、选择题

例 3.2　设两个相互独立的随机变量 X 与 Y 分别服从正态分布 $N(0,1)$，$N(1,1)$，则（　　）.

(A) $P\{X+Y\leqslant 0\}=\dfrac{1}{2}$　　　　　　(B) $P\{X+Y\leqslant 1\}=\dfrac{1}{2}$

(C) $P\{X-Y\leqslant 0\}=\dfrac{1}{2}$　　　　　　(D) $P\{X-Y\leqslant 1\}=\dfrac{1}{2}$

答　应选 B.

根据正态分布的性质及密度曲线关于 μ 的对称性，知

$X+Y \sim N(1,2), X-Y \sim N(-1,2)$,所以 $P\{X+Y \leqslant 1\} = \dfrac{1}{2}$ 是正确的.

例 3.3　设 X_1, X_2 是任意两个相互独立的连续型随机变量,它们的概率密度分别为 $f_1(x), f_2(x)$,分布函数分别为 $F_1(x), F_2(x)$,则(　　).

(A) $f_1(x) + f_2(x)$ 必为某一随机变量的概率密度

(B) $f_1(x) f_2(x)$ 必为某一随机变量的概率密度

(C) $F_1(x) + F_2(x)$ 必为某一随机变量的分布函数

(D) $F_1(x) F_2(x)$ 必为某一随机变量的分布函数

答　应选 D.

由于,连续型随机变量的分布函数 $F(x)$ 有如下特点:$F(-\infty) = 0$, $F(+\infty) = 1$,当 $x \in (-\infty, +\infty)$ 时,$F(x)$ 单调增加. 所以(C),(A)均不满足.

对于(B),设 $f_1(x) = \begin{cases} 1 & x \in (0,1] \\ 0 & x \notin (0,1] \end{cases}$,$f_2(x) = \begin{cases} \mathrm{e}^x & x \in (-\infty, 0] \\ 0 & x \notin (-\infty, 0] \end{cases}$.

从而 $f_1(x) f_2(x) = 0$,不能作为概率密度.

三、计算题

例 3.4　设随机变量 X_1, X_2, X_3, X_4 相互独立,且同分布 $P\{X_i = 0\} = 0.6, P\{X_i = 1\} = 0.4 (i = 1,2,3,4)$,求行列式 $X = \begin{vmatrix} X_1 & X_2 \\ X_3 & X_4 \end{vmatrix}$ 的概率分布.

解　X 是一随机变量,且 $X = X_1 X_4 - X_2 X_3$,因 X_1, X_2, X_3, X_4 相互独立,且同分布,所以 $X_1 X_4$ 与 $X_2 X_3$ 也相互独立且同分布.设 $Y_1 = X_1 X_4, Y_2 = X_2 X_3$,则 $X = Y_1 - Y_2$,于是

$$P\{Y_1 = 1\} = P\{Y_2 = 1\} = P\{X_2 = 1, X_3 = 1\}$$
$$= P\{X_2 = 1\} P\{X_3 = 1\} = 0.16$$
$$P\{Y_1 = 0\} = P\{Y_2 = 0\} = 1 - 0.16 = 0.84$$

随机变量 $X = Y_1 - Y_2$ 有三个可取值 $-1, 0, 1$,于是

$$P\{X = -1\} = P\{Y_1 = 0, Y_2 = 1\} = 0.84 \times 0.16 = 0.134\,4$$
$$P\{X = 1\} = P\{Y_1 = 1, Y_2 = 0\} = 0.16 \times 0.84 = 0.134\,4$$

$$P\{X=0\}=1-2\times0.134\,4=0.731\,2.$$

于是, $X=\begin{vmatrix} X_1 & X_2 \\ X_3 & X_4 \end{vmatrix}$ 的概率分布为

$$X=\begin{vmatrix} X_1 & X_2 \\ X_3 & X_4 \end{vmatrix}\sim\begin{pmatrix} -1 & 0 & 1 \\ 0.134\,4 & 0.731\,2 & 0.134\,4 \end{pmatrix}.$$

例 3.5　设随机变量 X 与 Y 相互独立, 其中 X 的概率分布为 $X\sim$ $\begin{bmatrix} 1 & 2 \\ 0.3 & 0.7 \end{bmatrix}$, 而 Y 的概率密度为 $f(x)$, 求随机变量 $U=X+Y$ 的分布函数. 再通过求导数, 求出 U 的概率密度 $g(u)$.

解　设 Y 的分布函数为 $F(y)$, 则由全概率公式, 知 $U=X+Y$ 的分布函数为

$$G(u)=P\{X+Y\leqslant u\}=0.3P\{X+Y\leqslant u\mid X=1\}+0.7P\{X+Y\leqslant u\mid X=2\}$$
$$=0.3P\{Y\leqslant u-1\mid X=1\}+0.7P\{Y\leqslant u-2\mid X=2\}$$

由于 X 与 Y 相互独立, 于是

$$G(u)=0.3P\{Y\leqslant u-1\}+0.7P\{Y\leqslant u-2\}$$
$$=0.3F(u-1)+0.7F(u-2).$$

由此, 得 U 的概率密度

$$g(u)=0.3f(u-1)+0.7f(u-2).$$

例 3.6　设二维随机变量 (X,Y) 的概率密度为

$$f(x,y)=\begin{cases} 1 & 0<x<1,0<y<2x \\ 0 & \text{其他} \end{cases},\ \text{求：}$$

(1) (X,Y) 的边缘概率密度 $f_X(x)$, $f_Y(y)$;

(2) $Z=2X-YR$ 的概率密度.

解　(1) $f_X(x)=\displaystyle\int_{-\infty}^{+\infty}f(x,y)\mathrm{d}y=\begin{cases} \displaystyle\int_0^{2x}\mathrm{d}y=2x & 0<x<1 \\ 0 & \text{其他} \end{cases},$

$$f_Y(y)=\int_{-\infty}^{+\infty}f(x,y)\mathrm{d}x=\begin{cases} \displaystyle\int_{\frac{y}{2}}^{1}\mathrm{d}x=1-\dfrac{y}{2} & 0<y<2 \\ 0 & \text{其他} \end{cases}.$$

(2) $f_Z(z) = \int_{-\infty}^{+\infty} f(x, 2x-z)\mathrm{d}x$，其中

$$f(x, 2x-z) = \begin{cases} 1 & 0 < x < 1, 0 < z < 2x, \\ 0 & \text{其他} \end{cases},$$

当 $z \leqslant 0$ 或 $z \geqslant 2$ 时，$f_Z(z) = 0$；

当 $0 < z < 2$ 时，$f_Z(z) = \int_{\frac{z}{2}}^{1} \mathrm{d}x = 1 - \frac{z}{2}$，即

$$f_Z(z) = \begin{cases} 1 - \dfrac{z}{2} & 0 < z < 2 \\ 0 & \text{其他} \end{cases}.$$

例 3.7 设随机变量 X 与 Y 的联合分布是正方形 $G = \{(x, y) \mid 1 \leqslant x \leqslant 3,$ $1 \leqslant y \leqslant 3\}$ 上的均匀分布，试求随机变量 $U = |X - Y|$ 的概率密度 $p(u)$.

解 由题中所给条件知 X 与 Y 的联合概率密度为

$$f(x, y) = \begin{cases} \dfrac{1}{4} & 1 \leqslant x \leqslant 3, 1 \leqslant y \leqslant 3 \\ 0 & \text{其他} \end{cases}.$$

设随机变量 U 的分布函数为 $F(u) = P\{U \leqslant u\}\ (-\infty < u < +\infty)$，则

当 $u \leqslant 0$ 时，$F(u) = 0$；当 $u \geqslant 2$ 时，$F(u) = 1$；

当 $0 < u < 2$ 时，有

$$F(u) = \iint\limits_{|x-y| \leqslant u} f(x, y)\mathrm{d}x\mathrm{d}y = \iint\limits_{|x-y| \leqslant u} \frac{1}{4}\mathrm{d}x\mathrm{d}y = \frac{1}{4}\left[4 - (2-u)^2\right]$$

$$= 1 - \frac{1}{4}(2-u)^2$$

于是随机变量的概率密度为

$$p(u) = \begin{cases} \dfrac{1}{2}(2-u) & 0 < u < 2 \\ 0 & \text{其他} \end{cases}.$$

例 3.8 已知随机变量 X 与 Y 的联合概率密度为

$$\varphi(x, y) = \begin{cases} 4xy & 0 \leqslant x \leqslant 1, 0 \leqslant y \leqslant 1 \\ 0 & \text{其他} \end{cases}, \text{求 } X \text{ 和 } Y \text{ 的联合分布函数} F(x, y).$$

解　(1) 当 $x<0$ 或 $y<0$ 时，有 $F(x,y)=P\{X\leqslant x,Y\leqslant y\}=0$.

(2) 当 $0\leqslant x\leqslant 1,0\leqslant y\leqslant 1$，有 $F(x,y)=P\{X\leqslant x,Y\leqslant y\}=$
$4\displaystyle\int_0^x\int_0^y uv\mathrm{d}u\mathrm{d}v=x^2y^2$.

(3) 当 $x>1,y>1$ 时，有 $F(x,y)=1$.

(4) 当 $x>1,0\leqslant y\leqslant 1$ 时，有 $F(x,y)=P\{X\leqslant 1,Y\leqslant y\}=y^2$.

(5) 当 $y>1,0\leqslant x\leqslant 1$ 时，有 $F(x,y)=P\{X\leqslant x,Y\leqslant 1\}=x^2$.

故 X 和 Y 的联合分布函数

$$F(x,y)=\begin{cases}0 & x<0 \text{ 或 } y<0\\ x^2y^2 & 0\leqslant x\leqslant 1,0\leqslant y\leqslant 1\\ x^2 & y>1,0\leqslant x\leqslant 1\\ y^2 & x>1,0\leqslant y\leqslant 1\\ 1 & x>1,y>1\end{cases}.$$

例 3.9　设 ξ,η 是相互独立且服从同一分布的两个随机变量，已知 ξ 的分布律为 $P(\xi=i)=\dfrac{1}{3},i=1,2,3$. 又设 $X=\max(\xi,\eta),Y=\min(\xi,\eta)$. 写出二维随机变量 (X,Y) 的分布律.

解　由 $X=\max(\xi,\eta),Y=\min(\xi,\eta)$ 知，X 和 Y 的取值都是 $1,2,3$，且 $P\{X<Y\}=0$. 即

$$P\{X=1,Y=2\}=P\{X=1,Y=3\}=P\{X=2,Y=3\}=0.$$

$$P\{X=1,Y=1\}=P\{\xi=1,\eta=1\}=P\{\xi=1\}P\{\eta=1\}=\frac{1}{9}.$$

$$P\{X=2,Y=2\}=P\{\xi=2,\eta=2\}=P\{\xi=2\}P\{\eta=2\}=\frac{1}{9}.$$

$$P\{X=3,Y=3\}=P\{\xi=3,\eta=3\}=P\{\xi=3\}P\{\eta=3\}=\frac{1}{9}.$$

$$P\{X=2,Y=1\}=P\{\xi=2,\eta=1\}+P\{\xi=1,\eta=2\}=\frac{1}{9}+\frac{1}{9}=\frac{2}{9}.$$

$$P\{X=3,Y=2\}=P\{\xi=2,\eta=3\}+P\{\xi=3,\eta=2\}=\frac{2}{9}.$$

$$P\{X=3,Y=1\}=1-\frac{7}{9}=\frac{2}{9}.$$

(X,Y)的分布律为

Y \ X	1	2	3
1	$\frac{1}{9}$	$\frac{2}{9}$	$\frac{2}{9}$
2	0	$\frac{1}{9}$	$\frac{2}{9}$
3	0	0	$\frac{1}{9}$

例 3.10　已知随机变量 X_1,X_2 的概率分布分别为

$$X_1\sim\begin{pmatrix}-1 & 0 & 1\\ \frac{1}{4} & \frac{1}{2} & \frac{1}{4}\end{pmatrix},X_2\sim\begin{pmatrix}0 & 1\\ \frac{1}{2} & \frac{1}{2}\end{pmatrix}.$$

而且 $P(X_1X_2=0)=1$.

(1) 求 X_1 和 X_2 的联合分布;

(2) 问 X_1 和 X_2 是否相互独立? 为什么?

解　(1) 由 $P(X_1X_2=0)=1$. 知 $P(X_1X_2\neq0)=0$. 即

$$P\{X_1=-1,X_2=1\}=P\{X_1=1,X_2=1\}=0.$$

由此得

$$P\{X_1=-1,X_2=1\}=P\{X_1=-1\}P\{X_2=1\mid X_1=-1\}$$

$$=\frac{1}{4}P\{X_2=1\mid X_1=-1\}=0.$$

即 $P\{X_2=1\mid X_1=-1\}=0$,从而 $P\{X_2=0\mid X_1=-1\}=1$,

于是有 $P\{X_1=-1,X_2=0\}=P\{X_1=-1\}=\frac{1}{4}$.

同理有　　　　$P\{X_1=1,X_2=0\}=P\{X_1=1\}=\frac{1}{4}$.

$$P\{X_1=0,X_2=1\}=P\{X_2=1\}=\frac{1}{2}.$$

$$P\{X_1=0,X_2=0\}=1-\frac{1}{4}-\frac{1}{2}-\frac{1}{4}=0.$$

于是,得 X_1 和 X_2 的联合分布

X_2 \ X_1	-1	0	1
0	$\frac{1}{4}$	0	$\frac{1}{4}$
1	0	$\frac{1}{2}$	0

(2) 由以上结果,知

$$P\{X_1=0,X_2=0\}=0.$$

$$P\{X_1=0\}P\{X_2=0\}=\frac{1}{4}\neq0.$$

所以,X_1 和 X_2 不相互独立.

§3.5　基础训练题

一、填空题

1. 设 $P\{X\geqslant0,Y\geqslant0\}=\frac{3}{7}$,$P\{X\geqslant0\}=P\{Y\geqslant0\}=\frac{4}{7}$,则 $P\{\max\{X,Y\}\geqslant0\}=$ _____.

2. 已知 X,Y 的分布律为

Y \ X	0	1
0	$\frac{1}{3}$	b
1	a	$\frac{1}{6}$

且 $\{X=0\}$ 与 $\{X+Y=1\}$ 独立,则 $a=$ _____ ,$b=$ _____.

3. 用 (X,Y) 的联合分布函数 $F(x,y)$ 表示 $P\{a\leqslant X\leqslant b,Y<c\}=$ _____.

4. 用 (X,Y) 的联合分布函数 $F(x,y)$ 表示 $P\{X<a,Y<b\}=$ _____.

5. 设平面区域 D 由 $y=x,y=0$ 和 $x=2$ 所围成,二维随机变量 (x,y) 在

区域 D 上服从均匀分布,则(x,y)关于 X 的边缘概率密度在 $x=1$ 处的值为

_____.

二、选择题

1. X_1,X_2 独立,且分布率为

X_i	0	1
P	$\frac{1}{2}$	$\frac{1}{2}$

$(i=1,2)$,那么下列结

论正确的是( ).

(A) $X_1=X_2$ (B) $P\{X_1=X_2\}=1$

(C) $P\{X_1=X_2\}=\frac{1}{2}$ (D) 以上都不正确

2. 设离散型随机变量(X,Y)的联合分布律为

(X,Y)	$(1,1)$	$(1,2)$	$(1,3)$	$(2,1)$	$(2,2)$	$(2,3)$
P	$\frac{1}{6}$	$\frac{1}{9}$	$\frac{1}{18}$	$\frac{1}{3}$	α	β

且 X,Y 相互独立,则( ).

(A) $\alpha=\frac{2}{9},\beta=\frac{1}{9}$ (B) $\alpha=\frac{1}{9},\beta=\frac{2}{9}$

(C) $\alpha=\frac{1}{6},\beta=\frac{1}{6}$ (D) $\alpha=\frac{8}{15},\beta=\frac{1}{18}$

3. 若 $X\sim(\mu_1,\sigma_1^2)$,$Y\sim(\mu_2,\sigma_2^2)$那么(X,Y)的联合分布为( ).

(A) 二维正态,且 $\rho=0$ (B) 二维正态,且 ρ 不定

(C) 未必是二维正态   (D) 以上都不对

4. 设 X,Y 是相互独立的两个随机变量,它们的分布函数分别为 $F_X(x)$,$F_Y(y)$,则 $Z=\max\{X,Y\}$ 的分布函数是( ).

(A) $F_Z(z)=\max\{F_X(x),F_Y(y)\}$

(B) $F_Z(z)=\max\{|F_X(x)|,|F_Y(y)|\}$

(C) $F_Z(z)=F_X(x)\cdot F_Y(y)$

(D) 都不是

5. 下列二元函数中,( )可以作为连续型随机变量的联合概率密度.

(A) $f(x,y) = \begin{cases} \cos x & -\dfrac{\pi}{2} \leqslant x \leqslant \dfrac{\pi}{2}, 0 \leqslant y \leqslant 1 \\ 0 & \text{其他} \end{cases}$

(B) $g(x,y) = \begin{cases} \cos x & -\dfrac{\pi}{2} \leqslant x \leqslant \dfrac{\pi}{2}, 0 \leqslant y \leqslant \dfrac{1}{2} \\ 0 & \text{其他} \end{cases}$

(C) $\varphi(x,y) = \begin{cases} \cos x & 0 \leqslant x \leqslant \pi, 0 \leqslant y \leqslant 1 \\ 0 & \text{其他} \end{cases}$

(D) $h(x,y) = \begin{cases} \cos x & 0 \leqslant x \leqslant \pi, 0 \leqslant y \leqslant \dfrac{1}{2} \\ 0 & \text{其他} \end{cases}$

三、解答题

1. 把一枚均匀的硬币连抛三次,以 X 表示出现正面的次数,Y 表示正、反两面次数差的绝对值,求(X,Y)的联合分布律与边缘分布.

2. 设二维连续型随机变量(X,Y)的联合分布函数为

$$F(x,y) = A\left(B + \arctan \frac{x}{2}\right)\left(C + \arctan \frac{y}{3}\right),$$

求:(1) A、B、C 的值;(2) (X,Y)的联合密度;(3) 判断 X、Y 的独立性.

3. 设连续型随机变量(X,Y)的密度函数为

$$f(x,y) = \begin{cases} A\mathrm{e}^{-(3x+4y)} & x > 0, y > 0 \\ 0 & \text{其他} \end{cases},$$

求:(1) 系数 A;(2) 落在区域 $D:\{0 < x \leqslant 1, 0 < y \leqslant 2\}$的概率.

4. 设(X,Y)的联合密度为 $f(x,y) = Ay(1-x), 0 \leqslant x \leqslant 1, 0 \leqslant y \leqslant x$,

(1) 求系数 A;(2) 求(X,Y)的联合分布函数.

5. 上题条件下:(1) 求关于 X 及 Y 的边缘密度;(2) X 与 Y 是否相互独立?

6. 在第(4)题条件下,求 $f(y|x)$ 和 $f(x|y)$.

四、证明题

在区间$[0,1]$上随机地投掷两点,试证这两点间距离的密度函数为

$$f(z) = \begin{cases} 2(1-z) & 0 \leqslant z < 1 \\ 0 & \text{其他} \end{cases}.$$

第4章　随机变量的数字特征与中心极限定理

§4.1　本章内容综述

4.1.1　随机变量的数学期望

1. 离散型随机变量的数学期望

定义 4.1　设离散型随机变量 X 的概率分布为

$$P\{X=x_k\}=p_k, k=1,2,\cdots.$$

如果级数 $\sum\limits_{k=1}^{\infty} x_k p_k$ 绝对收敛（即 $\sum\limits_{k=1}^{\infty} \mid x_k \mid p_k < \infty$），则称 $\sum\limits_{k=1}^{\infty} x_k p_k$ 为随机变量 X 的数学期望，记为 $E(X)$. 即

$$E(X) = \sum_{k=1}^{\infty} x_k p_k.$$

数学期望是以概率为权数的加权平均值，体现了随机变量 X 取值的集中位置或平均水平，所以数学期望也称为均值或简称为期望. 用一句话概括：数学期望是随机变量的取值与其概率乘积的和.

2. 连续型随机变量的数学期望

定义 4.2　设连续型随机变量 X 的概率密度为 $f(x)$，如果积分 $\int_{-\infty}^{\infty} xf(x)\mathrm{d}x$ 绝对收敛，则称 $\int_{-\infty}^{\infty} xf(x)\mathrm{d}x$ 为随机变量 X 的数学期望. 即有

$$E(X) = \int_{-\infty}^{\infty} xf(x)\mathrm{d}x.$$

连续型随机变量的数学期望，与离散型情形一样，也体现了随机变量取值

的集中位置或平均水平.

3. 随机变量函数的数学期望

1) 一维随机变量函数的数学期望

设 X 为一维随机变量,下面讨论 X 的函数 $Y=g(X)$ 的数学期望.

定理 4.1　设 $y=g(x)$ 是连续函数,Y 是随机变量 X 的函数,$Y=g(X)$.

(1) 若 X 为离散型随机变量,其概率分布为 $P\{X=x_k\}=p_k,k=1,2,\cdots,$ 且级数 $\sum_{k=1}^{\infty} g(x_k)p_k$ 绝对收敛,则有

$$E(Y) = E[g(X)] = \sum_{k=1}^{\infty} g(x_k)p_k.$$

(2) 若 X 为连续型随机变量,其概率密度为 $f(x)$,且积分 $\int_{-\infty}^{\infty} f(x)g(x)\mathrm{d}x$ 绝对收敛,则有

$$E(Y) = E[g(X)] = \int_{-\infty}^{\infty} f(x)g(x)\mathrm{d}x.$$

2) 二维随机变量函数的数学期望

定理 4.2　设 $Z=g(X,Y)$ 是二维随机变量 (X,Y) 的函数.

(1) 设 (X,Y) 是离散型随机变量,它的联合分布为

$$P\{X=x_i,Y=y_j\}=p_{ij},i=1,2,\cdots,j=1,2,\cdots.$$

若级数 $\sum_{j=1}^{\infty}\sum_{i=1}^{\infty} f(x_i,y_j)p_{ij}$ 绝对收敛,则随机变量函数 $Z=g(X,Y)$ 的数学期望为

$$E(Z) = E[g(X,Y)] = \sum_{j=1}^{\infty}\sum_{i=1}^{\infty} g(x_i,y_j)p_{ij}.$$

同时有

$$E(X) = \sum_{i=1}^{\infty}\sum_{j=1}^{\infty} x_i p_{ij},$$

$$E(Y) = \sum_{i=1}^{\infty}\sum_{j=1}^{\infty} y_j p_{ij}.$$

$$D(X) = \sum_{i=1}^{\infty}\sum_{j=1}^{\infty} [x_i - E(X)]^2 p_{ij},$$

$$D(Y) = \sum_{i=1}^{\infty} \sum_{j=1}^{\infty} [y_j - E(Y)]^2 p_{ij}.$$

(2) 设 (X,Y) 为连续型随机变量,它的联合概率密度为 $f(x,y)$,若积分 $\int_{-\infty}^{\infty} \int_{-\infty}^{\infty} g(x,y)f(x,y)\mathrm{d}x\mathrm{d}y$ 绝对收敛,则随机变量函数 $Z=g(X,Y)$ 的数学期望为

$$E(Z) = E[g(X,Y)] = \int_{-\infty}^{\infty} \int_{-\infty}^{\infty} g(x,y)f(x,y)\mathrm{d}x\mathrm{d}y.$$

同时有

$$E(X) = \int_{-\infty}^{+\infty} \int_{-\infty}^{+\infty} xf(x,y)\mathrm{d}x\mathrm{d}y,$$

$$E(Y) = \int_{-\infty}^{+\infty} \int_{-\infty}^{+\infty} yf(x,y)\mathrm{d}x\mathrm{d}y,$$

$$D(X) = \int_{-\infty}^{+\infty} \int_{-\infty}^{+\infty} [x - E(X)]^2 f(x,y)\mathrm{d}x\mathrm{d}y,$$

$$D(Y) = \int_{-\infty}^{+\infty} \int_{-\infty}^{+\infty} [y - E(Y)]^2 f(x,y)\mathrm{d}x\mathrm{d}y.$$

4. 数学期望的性质

(1) 对于任意常数 c,有 $E(c)=c$.

(2) 设 X 为随机变量,对于任意常数 k、c,有 $E(kX+c)=kE(X)+c$.

(3) 设 $g_1(X)$ 与 $g_2(X)$ 均是随机变量 X 的函数,则

$$E[g_1(x) \pm g_2(x)] = E[g_1(x)] \pm E[g_2(x)].$$

(4) 设 X,Y 为任意两个随机变量,则有

$$E(X+Y) = E(X)+E(Y).$$

(5) 设 $X-5Y$ 是相互独立的随时变量,则有 $E(XY)=E(X)-E(Y)$.

一般地,这一性质可以推广到 n 个随机变量的情形,即当随机变量 X_1, $X_2, \cdots, X_n$ 相互独立时,有

$$E(X_1 X_2 \cdots X_n) = (EX_1)(EX_2)\cdots(EX_n).$$

4.1.2　随机变量的方差

1. 方差的定义

随机变量的数学期望仅仅反映了该随机变量的平均取值,并不能反映随

机变量取值的离散程度,这有很大的局限性.下面我们引入的数字特征便可用来反映随机变量的取值相对于它的数学期望的平均偏离程度.

定义 4.3　设 X 是一个随机变量,如果 $E(X-EX)^2$ 存在,则称之为 X 的方差,记为 $D(X)$,即

$$D(X) = E(X-EX)^2.$$

(1) 对于离散型随机变量,若 $P\{X=x_k\}=p_k$,则

$$D(X) = \sum_k (x_k - EX)^2 p_k.$$

(2) 对于连续型随机变量,若 X 的概率密度为 $f(x)$,则

$$D(X) = \int_{-\infty}^{\infty} (x-EX)^2 f(x)\mathrm{d}x.$$

称 $\sqrt{D(x)}$ 为标准差或均方差.

可见,随机变量的方差是一个正数,常量的方差是零.当 X 的值密集在它的期望 $E(X)$ 附近时,方差较小,反之则方差较大.因此,方差的大小又可以表征随机变量的离散程度.

2. 方差的计算公式

设 X 是一个随机变量,如果 $E(X-EX)^2$ 存在,则

$$D(X) = E(X^2) - (EX)^2.$$

3. 方差的性质

(1) 对于任意常数 c,有 $D(c)=0$.

(2) 设 X 是一个随机变量,对于任意实数 k、c,有 $D(kX+c)=k^2 D(X)$.

(3) 若随机变量 X 与 Y 相互独立,则有

$$D(X+Y) = D(X) + D(Y).$$

一般地,这一性质可以推广到几个随机变量的情形,即当随机变量 X_1, X_2,$\cdots$,X_n 相互独立时,有

$$D(X_1 + X_2 + \cdots + X_n) = D(X_1) + D(X_2) + \cdots + D(X_n).$$

4.1.3　常用随机变量的数学期望与方差

1. 0-1 分布的数学期望和方差

设 0-1 分布的分布列为

X	0	1
P	q	p

(1) $E(X)=p$. (2) $D(X)=pq$.

2. 二项分布的数学期望和方差

设随机变量 $X \sim B(n,p)$,

(1) $E(X)=np$,　　　　　　　　　　(2) $D(X)=npq$.

3. 泊松分布的数学期望和方差

设随机变量 $X \sim \pi(\lambda)$,

(1) $E(X)=\lambda$,　　　　　　　　　　(2) $D(X)=\lambda$.

4. 几何分布的数学期望和方差

设 $X \sim g(k,p)$,

(1) $E(X)=\dfrac{1}{p}$,　　　　　　　　(2) $D(X)=\dfrac{q}{p^2}$.

5. 均匀分布的数学期望和方差

设随机变量 X 服从 $[a,b]$ 上的均匀分布,

(1) $E(X)=\dfrac{a+b}{2}$.　　　　　　(2) $D(X)=\dfrac{1}{12}(b-a)^2$.

6. 指数分布的数学期望和方差

设随机变量 X 服从参数为 θ 的指数分布,

(1) $E(X)=\theta$,　　　　　　　　　　(2) $D(X)=\theta^2$.

7. 正态分布的数学期望和方差

设随机变量 $X \sim N(\mu,\sigma^2)$,

(1) $E(X)=\mu$,　　　　　　　　　　(2) $D(X)=\sigma^2$.

标准正态分布 $X \sim N(0,1)$ 的数学期望 $E(x)=0$,方差 $D(x)=1$.

8. 伽玛分布的数学期望和方差

设随机变量 $X \sim \Gamma(\alpha,\lambda)$,

(1) $E(X)=\dfrac{\alpha}{\lambda}$,　　　　　　　　(2) $D(X)=\dfrac{\alpha}{\lambda^2}$.

4.1.4 切比雪夫不等式

定理 4.3 (切比雪夫不等式)设随机变量 X 的数学期望 $E(X)$ 与方差 $D(X)$ 存在,则对任意的 $\varepsilon > 0$,有

$$P\{|X - EX| \geqslant \varepsilon\} \leqslant \frac{D(X)}{\varepsilon^2}.$$

切比雪夫不等式也可以写成如下形式

$$P\{|X - EX| < \varepsilon\} \geqslant 1 - \frac{DX}{\varepsilon^2}.$$

4.1.5 协方差

1. 协方差的概念

定义 4.4 对于二维随机变量 (X, Y),称 $E\{[X - E(X)][Y - E(Y)]\}$ 为 X, Y 的协方差. 记作 $\mathrm{Cov}(X, Y)$. 即

$$\mathrm{Cov}(X, Y) = E\{[X - E(X)][Y - E(Y)]\}.$$

2. 协方差的计算

(1) 设 (X, Y) 是离散型随机变量,它的联合分布为 $P\{X = x_i, Y = y_j\} = p_{ij}, i = 1, 2, \cdots, j = 1, 2, \cdots$. 有

$$\mathrm{Cov}(X, Y) = \sum_{i=1}^{\infty} \sum_{j=1}^{\infty} (x_i - E(X))(y_i - E(Y)) p_{ij}.$$

(2) 设 (X, Y) 为连续型随机变量,它的联合概率密度为 $f(x, y)$,有

$$\mathrm{Cov}(X, Y) = \int_{-\infty}^{\infty} \int_{-\infty}^{\infty} (x - E(X))(y - E(Y)) f(x, y) \mathrm{d}x \mathrm{d}y.$$

(3) 计算协方差时,常用公式

$$\mathrm{Cov}(X, Y) = E(XY) - E(X)E(Y).$$

3. 协方差的性质

(1) $\mathrm{Cov}(X, X) = D(X)$,

(2) $\mathrm{Cov}(X, C) = 0$ (C 为常数),

(3) $\mathrm{Cov}(X, Y) = \mathrm{Cov}(Y, X)$,

(4) $\mathrm{Cov}[(a_1 X + b_1), (a_2 X + b_2)] = a_1 b_1 \mathrm{Cov}(X, Y)$ (a_1, a_2, b_1, b_2 为常数).

(5) $\mathrm{Cov}(X+Y,Z)==\mathrm{Cov}(X,Z)+\mathrm{Cov}(Y,Z)$.

(6) $D(X\pm Y)=D(x)+D(Y)\pm 2\mathrm{Cov}(X,Y)$,并且当 X 与 Y 相互独立时,$\mathrm{Cov}(X,Y)=0$.

4.1.6　相关系数及其性质

1. 相关系数的概念

定义 4.5　设 (X,Y) 为二维随机变量,如果 $D(X)\neq 0,D(Y)\neq 0$. 则称

$$\rho_{XY}=\frac{\mathrm{Cov}(X,Y)}{\sqrt{D(x)}\,\sqrt{D(Y)}}$$

为随机变量 X 与 Y 的相关系数. 当 $\rho_{XY}=0$ 时,称 X 与 Y 不相关.

2. 相关系数的性质

定理 4.4　设 ρ_{XY} 为随机变量 X 与 Y 的相关系数,则

(1) $|\rho_{XY}|\leqslant 1$.

(2) $|\rho_{XY}|=1$ 的充要条件是 $P\{Y=aX+b\}=1$. 其中 a,b 为常数,且 $a\neq 0$.

定理 4.5　对二维随机变量 (X,Y),下述命题等价:

(1) $\rho=0$;

(2) $\mathrm{Cov}(X,Y)=0$;

(3) $E(XY)=E(X)\cdot E(Y)$;

(4) $D(X+Y)=D(X)+D(Y)$.

定理 4.6　设 (X,Y) 为二维随机变量,若 X 与 Y 相互独立,则 X 与 Y 不相关. 反之不然.

对于服从二维正态分布的随机变量 (X,Y) 而言,X 与 Y 不相关与 X 与 Y 相互独立是等价的.

3. 矩及协方差矩阵

定义 4.6　设 X 和 Y 是两个随机变量,

(1) 若 $E(X^k),k=1,2,\cdots,$ 存在,则称它为 X 的 k 阶原点矩.

(2) 若 $E(X-EX)^k,k=1,2,\cdots,$ 存在,则称它为 X 的 k 阶中心矩.

（3）若 $E(X^k Y^l), k, l = 1, 2, \cdots,$ 存在,则称它为 X 和 Y 的 $k+l$ 阶混和矩.

（4）若 $E[(X - EX)^k (Y - EY)^l], k, l = 1, 2, \cdots,$ 存在,则称它为 X 和 Y 的 $k+l$ 阶混和中心矩.

显然,数学期望 $E(X), E(Y)$ 是随机变量 X, Y 的一阶原点矩,方差 $D(X), D(Y)$ 是二阶中心矩,协方差 $\mathrm{Cov}(X, Y)$ 是 X 和 Y 的二阶混和中心矩.

定义 4.7 设 $(X_1, X_2, \cdots, X_n)$ 为 n 维随机变量.若 $\mathrm{Cov}(X_i, X_j), i, j = 1, 2, \cdots, n$ 都存在,则称 n 阶方阵

$$C = \begin{pmatrix} \mathrm{Cov}(X_1, X_1) & \mathrm{Cov}(X_1, X_2) & \cdots & \mathrm{Cov}(X_1, X_n) \\ \mathrm{Cov}(X_2, X_1) & \mathrm{Cov}(X_2, X_2) & \cdots & \mathrm{Cov}(X_2, X_n) \\ \vdots & \vdots & \cdots & \vdots \\ \mathrm{Cov}(X_n, X_1) & \mathrm{Cov}(X_n, X_2) & \cdots & \mathrm{Cov}(X_n, X_n) \end{pmatrix}$$

为 n 维随机变量 $(X_1, X_2, \cdots, X_n)$ 的协方差矩阵(协差阵).

协方差矩阵 C 的主对角元素为方差序列 $\mathrm{Cov}(X_i, X_i) = D(X_i), i = 1, 2, \cdots, n$. 显然 C 是对称阵,还可以证明 C 是非负定的.

4.1.7 大数定律与中心极限定理

1. 大数定律

定义 4.8 设 $Y_1, Y_2, \cdots, Y_n, \cdots$ 是一随机序列, a 是一个常数.若对任意给定的正数 ε,有

$$\lim_{n \to \infty} P\{|Y_n - a| \geqslant \varepsilon\} = 0,$$

或

$$\lim_{n \to \infty} P\{|Y_n - a| < \varepsilon\} = 1,$$

则称随机序列 $Y_1, Y_2, \cdots, Y_n, \cdots$ 依概率收敛于常数 a,记为 $Y \xrightarrow{P} a$.

定理 4.7 （切比雪夫大数定律的特殊情况）设 $X_1, X_2, \cdots, X_n \cdots$ 为相互独立的随机变量序列,且具有相同的数学期望和方差: $E(X_i) = \mu, D(X_i) = \sigma^2 (i = 1, 2, \cdots)$,则序列 $\overline{X} = \dfrac{1}{n} \sum_{i=1}^{n} X_i$ 依概率收敛于 μ,即 $\overline{X} \xrightarrow{P} \mu$.

定理 4.8 （贝努利大数定律）设 μ_n 是 n 次独立重复试验中 A 发生的次数. p 是事件 A 在每次试验中发生的概率,则对任意正数 ε,都有

$$\lim_{n\to\infty}P\left\{\left|\frac{\mu_n}{n}-p\right|<\varepsilon\right\}=1.$$

2. 中心极限定理

定理 4.9 (独立同分布的中心极限定理)设 $X_1,X_2,\cdots,X_n,\cdots$ 是相互独立且服从相同分布的随机变量序列,记

$$EX_i=\mu,DX_i=\sigma^2,i=1,2,\cdots$$

则对于任意 x 都有

$$\lim_{n\to+\infty}P\left\{\frac{\sum\limits_{k=1}^n X_k-n\mu}{\sigma\sqrt{n}}\leqslant x\right\}=\lim_{n\to\infty}P\left\{\frac{\overline{X}-\mu}{\frac{\sigma}{\sqrt{n}}}\leqslant x\right\}$$

$$=\int_{-\infty}^x\frac{1}{\sqrt{2\pi}}e^{-\frac{t^2}{2}}dt=\Phi(x).$$

定理 4.10 (德莫佛-拉普拉斯中心极限定理)设 $X_1,X_2,\cdots,X_n,\cdots$ 是相互独立且服从相同分布的随机变量序列,X_k 服从参数为 p 的两点分布 $B(1,p),k=1,2,\cdots$,则 $\sum\limits_{k=1}^n X_k\sim B(n,p)$,对任意的 x,有

$$\lim_{n\to\infty}P\left\{\frac{\sum\limits_{k=1}^n X_k-np}{\sqrt{np(1-p)}}\leqslant x\right\}=\int_{-\infty}^x\frac{1}{\sqrt{2\pi}}e^{-\frac{t^2}{2}}dt=\Phi(x).$$

§4.2 释疑解惑

1. 数学期望与方差的区别与联系

答 数学期望与方差都是随机变量的数字特征,数学期望 $E(X)$ 又称均值,是反映随机变量 X 平均值的量,常用于比较两个或多个量的优劣、大小、长短等. 方差 $D(X)$ 是刻画 X 取值分散程度的一个量,表达了 X 的取值与其数学期望的偏离程度. 若 X 的取值较集中,则 $D(X)$ 较小;若 X 的取值较分散,则 $D(X)$ 较大.

数学期望和方差虽不能完整地描述随机变量,但都能描述随机变量在某

些方面的重要特征. 方差 $D(X)$ 实际上就是随机变量 $[X-E(X)]^2$ 的数学期望, 即 $D(X)=E\{[X-E(X)]^2\}$, 化简有 $D(X)=E(X^2)-[E(X)]^2$, 这也就是常用的方差计算公式.

2. 不相关和相互独立的关系

答　若随机变量 X,Y 相关系数 $\rho_{XY}=0$, 称 X,Y 不相关; 当 $P\{X\leqslant x,Y\leqslant y\}=P\{X\leqslant x\}P\{Y\leqslant y\}$ 时, 称 X 和 Y 相互独立. 不相关和独立有何关系呢?

(1) 若 X 和 Y 相互独立, 则 X 和 Y 必不相关.

因当 X,Y 相互独立时, 有 $E(XY)=(EX)(EY)$, 则 $\mathrm{Cov}(X,Y)=E(XY)-E(X)E(Y)=0$, 故 $\rho_{XY}=\dfrac{\mathrm{Cov}(X,Y)}{\sqrt{D(x)}\sqrt{D(Y)}}=0$, 也就是 X,Y 不相关, 即若 X 和 Y 相互独立, 则 X 和 Y 必不相关.

(2) 若 X,Y 不相关, 则 X 和 Y 不一定相互独立.

例如, $(X,Y)\sim N(\mu_1,\mu_2,\sigma_1,\sigma_2,\rho)$, 则 X,Y 相互独立的充要条件是 $\rho=0$, 即此时随机变量 X,Y 不相关和相互独立是等价的. 这说明, 不相关可以相互独立.

再如, 若已知随机变量 (X,Y) 的概率密度为 $f(x,y)=\begin{cases}\dfrac{1}{\pi} & x^2+y^2\leqslant 1 \\ 0 & \text{其他}\end{cases}$,

则有 $E(X)=0.\ E(Y)=0,E(XY)=0,\mathrm{Cov}(X,Y)=0,\rho_{XY}=0$, 故 X,Y 不相关; 而 (X,Y) 关于 X 和 Y 的边缘概率密度分别为

$$f_X(x)=\begin{cases}\dfrac{2}{\pi}\sqrt{1-x^2} & -1\leqslant x\leqslant 1 \\ 0 & \text{其他}\end{cases},\ f_Y(y)=\begin{cases}\dfrac{2}{\pi}\sqrt{1-y^2} & -1\leqslant y\leqslant 1 \\ 0 & \text{其他}\end{cases}.$$

可以看出, $f(x,y)\neq f_X(x)f_Y(y)$, 故 X,Y 不是相互独立的, 这说明不相关也可以不相互独立.

3. X,Y 相关系数 ρ_{XY} 与 X,Y 相互关系的联系

答　ρ_{XY} 的绝对值 $|\rho_{XY}|\leqslant 1$. 当 $|\rho_{XY}|$ 较大时, 则 X 与 Y 的线性相关程度较好; 当 $|\rho_{XY}|$ 较小时, 则 X 与 Y 的线性相关程度较差; 当 $|\rho_{XY}|=0$ 时, 称 X 和 Y

不相关.

特别地,当 $|\rho_{XY}|=1$ 时,有 $P\{Y=aX+b\}=1$,即随机点 (X,Y) 几乎处处位于一条直线 $Y=aX+b$ 上;反之,当 X 与 Y 存在线性关系时,有

$$
\begin{aligned}
\mathrm{Cov}(X,Y) &= E\{[X-E(X)][aX+b-E(aX+b)]\} \\
&= aE\{X^2-2XE(X)+[E(X)]^2\} = aD(X)
\end{aligned}
$$

$$
D(Y) = D(aX+b) = a^2 D(X)
$$

故　　　$$\rho_{XY} = \frac{\mathrm{Cov}(X,Y)}{\sqrt{D(X)}\sqrt{D(Y)}} = \frac{aD(X)}{\sqrt{D(X)}\sqrt{a^2 D(X)}} = \pm 1$$

所以 $|\rho_{XY}|=1$ 的充要条件是 $P\{Y=aX+b\}=1$,即 X 与 Y 存在线性关系 $Y=aX+b$.

4. 设 $X_1,X_2,\cdots,X_n$ 是来自总体 X 的简单随机样本,$Y_n = \dfrac{1}{n}\sum_{i=1}^{n} X_i$ 是否服从正态分布

答　当 n 充分大时,由中心极限定理对 $\forall x$,有

$$
\lim_{n\to\infty} P\left\{\frac{\sum_{i=1}^{n} X_i - n\mu}{\sqrt{n}\sigma} \leqslant x\right\} = \int_{-\infty}^{x} \frac{1}{\sqrt{2\pi}} e^{-\frac{t^2}{2}} \cdot \mathrm{d}t
$$

所以 $\dfrac{\overline{X}-\mu}{\dfrac{\sigma}{\sqrt{n}}}$ 近似服从正态分布.

当 n 有限时,若总体 $X \sim N(\mu,\sigma^2)$,则 $\overline{X} \sim N\left(\mu, \dfrac{\sigma^2}{n}\right)$.

5. 数列收敛同随机变量序列按概率收敛的异同

答　设 $\{x_n\}$ 是一数列,a 为常数,对任意 $\varepsilon>0$,存在 $N>0$,只要 $n>N$,必有 $|x-a|<\varepsilon$,则称数列 $\{x_n\}$ 的极限为 a. 由定义可知只有有限个项落在区间 $[a-\varepsilon,a+\varepsilon]$ 的外面. 若 $X_1,X_2,\cdots,X_n,\cdots$ 是一随机变量序列,a 为常数. 对于对任意给定的 $\varepsilon>0$,有 $\lim\limits_{n\to\infty} P\{|X_n-a|<\varepsilon\}=1$,则称序列 $X_1,X_2,\cdots,X_n,\cdots$ 依概率收敛于 a. 由 $\lim\limits_{n\to\infty} P\{|X_n-a|<\varepsilon\}=1$,有 $\lim\limits_{n\to\infty} P\{|X_n-a|\geqslant\varepsilon\}=0$,表明对于任何 $\varepsilon>0$,当 n 充分大时,事件"$|X_n-a|<\varepsilon$"成立的概率很大,但同时不排除

小概率事件"$|X_n-a|\geqslant\varepsilon$"发生. 可以看出,数列收敛同依概率收敛有很大的区别.

同时,数列收敛同依概率收敛有一定的相似之处,它们都是表达 n 趋于无穷大时数列或随机变量序列的特性.

6. 关于使用切比雪夫不等式估算事件概率应注意的问题

答　设随机变量 X 的数学期望 $E(X)$ 与方差 $D(X)$ 存在,则对任意的 $\varepsilon>0$,有 $P\{|X-EX|\geqslant\varepsilon\}\leqslant\dfrac{D(X)}{\varepsilon^2}$ 成立,称不等式 $P\{|X-EX|\geqslant\varepsilon\}\leqslant\dfrac{D(X)}{\varepsilon^2}$ 为切比雪夫不等式.

可以通过切比雪夫不等式,在随机变量 X 的分布未知的情况下,估算事件"$|X-E(x)|\geqslant\varepsilon$"的概率,但必须注意前提是随机变量的数学期望 $E(X)$ 与方差 $D(X)$ 存在.用切比雪夫不等式估计事件"$|X-E(x)|\geqslant\varepsilon$"发生的概率有一定局限性,即只能给出一个范围,不能给出具体估计值.

§4.3　典型问题解析

1. 求一维随机变量的数学期望或方差

例 4.1.1　设离散型随机变量 X 的分布律是

X	-2	-1	0	1	2
P	$\dfrac{1}{6}$	$\dfrac{2}{9}$	$\dfrac{1}{9}$	$\dfrac{1}{3}$	$\dfrac{1}{6}$

求 $E(X),D(X)$.

解　由数学期望的定义有

$$E(X)=(-2)\times\frac{1}{6}+(-1)\times\frac{2}{9}+(0)\times\frac{1}{9}+(1)\times\frac{1}{3}+(2)\times\frac{1}{6}=\frac{1}{9}.$$

又 $E(X^2)=(-2)^2\times\dfrac{1}{6}+(-1)^2\times\dfrac{2}{9}+(0)^2\times\dfrac{1}{9}+(1)^2\times\dfrac{1}{3}+(2)^2\times\dfrac{1}{6}$

$=\dfrac{17}{9}.$

于是 $\qquad D(X)=E(X^2)-[E(X)]^2=\dfrac{17}{9}-\left(\dfrac{1}{9}\right)^2=\dfrac{152}{81}.$

例 4.1.2 设随机变量 X 具有密度函数

$$f(x)=\begin{cases} x & 0<x<1 \\ 2-x & 1\leqslant x\leqslant 2 \\ 0 & \text{其他} \end{cases},求 E(x) 及 D(x).$$

解 由数学期望的定义有

$$E(X)=\int_{-\infty}^{+\infty}xf(x)\mathrm{d}x=\int_0^1 x\cdot x\mathrm{d}x+\int_1^2 x\cdot(2-x)\mathrm{d}x=1.$$

又 $\quad E(X^2)=\int_{-\infty}^{+\infty}x^2 f(x)\mathrm{d}x=\int_0^1 x^2\cdot x\mathrm{d}x+\int_1^2 x^2\cdot(2-x)\mathrm{d}x=\dfrac{7}{6}.$

于是 $\qquad D(X)=E(X^2)-[E(X)]^2=\dfrac{7}{6}-(1)^2=\dfrac{1}{6}.$

例 4.1.3 设随机变量 X 的概率密度为

$$f(x)=\begin{cases} \dfrac{x^2}{3} & -1<x<2 \\ 0 & \text{其他} \end{cases}.$$

试求 $E(1-2X).$

解 因为

$$E(X)=\int_{-1}^2 x\cdot\dfrac{x^2}{3}\mathrm{d}x=\dfrac{1}{12}x^4\Big|_{-1}^2=\dfrac{5}{4}.$$

于是,由数学期望的性质

$$E(1-2X)=1-2E(X)=1-2\times\dfrac{5}{4}=-\dfrac{3}{2}.$$

例 4.1.4 已知随机变量 $X\sim B(n,p)$,且 $E(X)=6,D(X)=3$,求 n,p.

解 由 $\begin{cases} E(X)=6=np \\ D(X)=2=np(1-p) \end{cases}$,解得,$n=9,p=\dfrac{2}{3}.$

例 4.1.5 设随机变量 X 的概率密度为 $f(x)=\begin{cases} cx^\alpha & 0<x<1 \\ 0 & \text{其他} \end{cases}$. 且 $E(X)$

$=0.75$,求常数 c 和 α.

解　由 $\int_{-\infty}^{+\infty} f(x)\mathrm{d}x = 1$ 得，$\int_{-\infty}^{+\infty} f(x)\mathrm{d}x = \int_0^1 cx^\alpha \mathrm{d}x = \dfrac{c}{\alpha+1} = 1.$

又有　$E(X) = 0.75 = \int_{-\infty}^{+\infty} xf(x)\mathrm{d}x = \int_0^1 cx^{\alpha+1}\mathrm{d}x = \dfrac{c}{\alpha+2},$

从而得 $\begin{cases} \dfrac{c}{\alpha+1} = 1 \\[2mm] \dfrac{c}{\alpha+2} = 0.75 \end{cases}$，解得 $c=3, \alpha=2.$

2. 求一维随机变量函数的数学期望或方差

例 4.2.1　设 X 为离散型随机变量. X 的概率分布如下

$$P\{X=1\} = \frac{1}{2}, P\{X=2\} = \frac{1}{4}, P\{X=3\} = \frac{1}{4},$$

求 $E(X^2)$.

解　设 $Y = g(X) = X^2$

由计算公式　$E(X^2) = \sum_k g(x_k)p_k = \sum_k x_k^2 p_k$

$$= 1^2 \times \frac{1}{2} + 2^2 \times \frac{1}{4} + 3^2 \times \frac{1}{4} = \frac{15}{4}.$$

例 4.2.2　设随机变量 X 服从 $[0, 2\pi]$ 上的均匀分布，$Y = \sin X$，求 $E(Y)$.

解　随机变量 X 的概率密度为

$$f(x) = \begin{cases} \dfrac{1}{2\pi} & 0 < x < 2\pi \\[2mm] 0 & \text{其他} \end{cases}.$$

由计算公式得到

$$E(Y) = \int_{-\infty}^{\infty} \sin x f(x)\mathrm{d}x = \int_0^{2\pi} \frac{1}{2\pi} \sin x \mathrm{d}x = 0.$$

例 4.2.3　若某家电商场对某种电器的需求量为随机变量 X，且 X 服从 $U(200, 400)$，设该商场每销售出这种电器 1 台，可赚三百元，但若销不出去则每台需付保费一百元. 问应组织多少台货源，该商场才能使收益的期望值最大？

解　设商场组织 n 台货源，收益为 Y（百元），由题意得

$$Y = g(X) = \begin{cases} 3n & X \geqslant n \\ 3X - (n-X) & X < n \end{cases}.$$

即

$$g(x) = \begin{cases} 3n & x \geqslant n \\ 3x - (n-x) & x < n \end{cases}.$$

而 X 的概率密度为

$$f(x) = \begin{cases} \dfrac{1}{200} & 200 < x < 400 \\ 0 & \text{其他} \end{cases}.$$

从而 Y 的数学期望为

$$E(Y) = \int_{-\infty}^{\infty} f(x)g(x)\mathrm{d}x = \frac{1}{200}\left[\int_{200}^{n}(4x-n)\mathrm{d}x + \int_{n}^{200}3n\mathrm{d}x\right]$$

$$= \frac{1}{200}(-2n^2 + 1400n - 2 \cdot 200^2),$$

令

$$L(n) = E(Y) = \frac{1}{100}(-n^2 + 700n - 200^2),$$

由 $L'(n) = 0$,解得 $n = 350$(台). 故该商场应组织 350 台货源才能使收益的期望值最大.

例 4.2.4 已知 $\xi \sim N(\mu, \sigma^2)$. 试求 $Y = \dfrac{X-\mu}{\sigma}$ 的数学期望和方差.

解 由于 $E(X) = \mu, D(X) = \sigma^2$,于是

$$E(Y) = E\left(\frac{X-\mu}{\sigma}\right) = \frac{1}{\sigma}(E(X) - \mu) = 0,$$

$$D(Y) = D\left(\frac{X-\mu}{\sigma}\right) = \frac{1}{\sigma^2}D(X) = 1.$$

3. 求二维随机变量函数的数学期望

例 4.3.1 已知 X, Y 的联合分布列为

Y X	-1	0
-1	0.2	0.4
2	0.3	0.1

试求随机变量函数 Z 的数学期望 $E(Z)$：(1) $Z=X+Y$；(2) $Z=XY$.

解　（1）直接计算，有

$$E(Z)=E(X+Y)$$
$$=(-1-1)\times 0.2+(-1+0)\times 0.4+(2-1)\times 0.3+(2+0)\times 0.1$$
$$=-0.3.$$

我们也可以根据 $Z=X+Y$ 的分布列来计算

$Z=X+Y$	-2	-1	1	2
P	0.2	0.4	0.3	0.1

$$E(Z)=E(X+Y)=-2\times 0.2-1\times 0.4+1\times 0.3+2\times 0.1=-0.3.$$

（2）直接计算，有

$$E(Z)=E(XY)$$
$$=[(-1)\times(-1)]\times 0.2+[(-1)\times 0]\times 0.4+[2\times(-1)]\times 0.3+$$
$$[2\times 0]\times 0.1$$
$$=-0.4.$$

我们也可以根据 $Z=XY$ 的分布列来计算

$Z=XY$	-2	0	1
P	0.3	0.5	0.2

$$E(Z)=E(XY)=-2\times 0.3+0\times 0.5+1\times 0.2=-0.4.$$

例 4.3.2　设随机变量 X,Y 独立同分布 $N(0,1)$. 试求 $Z=\sqrt{X^2+Y^2}$ 的数学期望.

解　直接计算，有

$$E(Z) = E(\sqrt{X^2 + Y^2}) = \int_{-\infty}^{+\infty}\int_{-\infty}^{+\infty} \sqrt{x^2 + y^2}\, \frac{1}{2\pi} e^{-\frac{x^2+y^2}{2}} dxdy$$

$$= \int_0^{2\pi} d\theta \int_0^{+\infty} r\, \frac{1}{2\pi} e^{-\frac{r^2}{2}} rdr = \int_0^{+\infty} e^{-\frac{r^2}{2}} r^2 dr$$

$$= -\int_0^{+\infty} rde^{-\frac{r^2}{2}} = -re^{-\frac{r^2}{2}}\Big|_0^{+\infty} + \int_0^{+\infty} e^{-\frac{r^2}{2}} dr$$

$$= \sqrt{2\pi}\int_0^{+\infty} \frac{1}{\sqrt{2\pi}} e^{-\frac{r^2}{2}} dr = \sqrt{2\pi} \times \frac{1}{2} = \sqrt{\frac{\pi}{2}}.$$

例 4.3.3　设长方形的长 X 与宽 Y 是两个相互独立的随机变量,且 X 与 Y 密度分别为

$$f_X(x) = \begin{cases} \dfrac{x^2}{9} & 0 \leqslant x \leqslant 3 \\ 0 & \text{其他} \end{cases}, f_Y(y) = \begin{cases} 2y & 0 \leqslant y \leqslant 1 \\ 0 & \text{其他} \end{cases}.$$

试求长方形面积 $Z = XY$ 的数学期望.

解　由于 X, Y 相互独立,从而有

$$E(Z) = E(XY) = E(X)E(Y) = \int_0^3 x\, \frac{x^2}{9} dx \int_0^1 y2ydy = \frac{9}{4} \times \frac{2}{3} = \frac{3}{2}.$$

例 4.3.4　任意掷 20 枚骰子,求 20 枚骰子出现的点数和的数学期望.

解　设 X_i 表示第 $i (i=1,2,\cdots,20)$ 个骰子出现的点数.

$$P(X_i = k) = \frac{1}{6}, k = 1,2,3,4,5,6.$$

显然　$E(X_i) = \frac{1}{6}(1+2+3+4+5+6) = \frac{7}{2}, i = 1,2,\cdots,20.$

由数学期望的性质有

$$E(X_1 + X_2 + \cdots + X_{20}) = E(X_1) + E(X_2) + \cdots + E(X_{20}) = 20 \times \frac{7}{2} = 70.$$

4. 求二维随机变量函数的方差

例 4.4.1　随机变量 (X,Y) 具有概率密度为

$$f(x,y) = \begin{cases} \dfrac{1}{8} xy & 0 \leqslant x \leqslant 1, 0 \leqslant y \leqslant x \\ 0. & \text{其他} \end{cases}, \text{设 } Z = X+Y, \text{试求 } D(Z).$$

解 $E(X) = \int_{-\infty}^{+\infty} \int_{-\infty}^{+\infty} x f(x,y) \mathrm{d}x \mathrm{d}y = \int_0^1 \int_0^x x 8xy \mathrm{d}x \mathrm{d}y = \frac{4}{5}$

$E(Y) = \int_{-\infty}^{+\infty} \int_{-\infty}^{+\infty} y f(x,y) \mathrm{d}x \mathrm{d}y = \int_0^1 \int_0^x y 8xy \mathrm{d}x \mathrm{d}y = \frac{8}{5}$

$E(X^2) = \int_{-\infty}^{+\infty} \int_{-\infty}^{+\infty} x^2 f(x,y) \mathrm{d}x \mathrm{d}y = \int_0^1 \int_0^x x^2 8xy \mathrm{d}x \mathrm{d}y = \frac{2}{3}$

$E(Y^2) = \int_{-\infty}^{+\infty} \int_{-\infty}^{+\infty} y^2 f(x,y) \mathrm{d}x \mathrm{d}y = \int_0^1 \int_0^x y^2 8xy \mathrm{d}x \mathrm{d}y = \frac{1}{3}$

$E(XY) = \int_{-\infty}^{+\infty} \int_{-\infty}^{+\infty} xy f(x,y) \mathrm{d}x \mathrm{d}y = \int_0^1 \int_0^x xy 8xy \mathrm{d}x \mathrm{d}y = \frac{4}{9}$

$D(X) = E(X^2) - [E(X)]^2 = \frac{2}{3} - \left(\frac{4}{5}\right)^2 = \frac{2}{75}$

$D(Y) = E(Y^2) - [E(Y)]^2 = \frac{1}{3} - \left(\frac{8}{15}\right)^2 = \frac{11}{225}$

$\mathrm{Cov}(X) = E(XY) - E(X)E(Y) = \frac{4}{9} - \frac{4}{5} \times \frac{8}{15} = \frac{4}{225}$

故 $D(Z) = D(X+Y) = D(X) + D(Y) + \mathrm{Cov}(X,Y) = \frac{5}{72} + \frac{11}{225} + \frac{8}{225} = \frac{1}{9}$.

设相互独立的随机变量 X,Y 的概率密度分别为

$$f_X(x) = \begin{cases} 2\mathrm{e}^{-2x} & x>0 \\ 0 & x \leqslant 0 \end{cases}, f_Y(y) = \begin{cases} 4\mathrm{e}^{-4y} & y>0 \\ 0 & y \leqslant 0 \end{cases}, 求 D(X+Y).$$

解 由于 X 服从参数为 $\theta = \frac{1}{2}$ 指数分布,Y 服从参数为 $\theta = \frac{1}{4}$ 指数分布,所以

$$D(X) = \theta^2 = \frac{1}{4}, D(Y) = \theta^2 = \frac{1}{16}$$

又因为 X,Y 相互独立,所以

$$D(X+Y) = D(X) + D(Y) = \frac{1}{4} + \frac{1}{16} = \frac{5}{16}.$$

5. 求二维随机变量的协方差和相关系数

例 4.5.1 设 (X,Y) 的密度函数为

$$f(x,y)=\begin{cases} \dfrac{1}{\pi} & x^2+y^2<1 \\[2mm] 0 & 其他 \end{cases} \quad . 试求\ \mathrm{Cov}(X,Y).$$

解 分别求 $E(X),E(Y),E(XY)$.

$$E(X)=\int_{-\infty}^{\infty}\int_{-\infty}^{\infty}xf(x,y)\mathrm{d}x\mathrm{d}y=\iint_{x^2+y^2\leqslant 1}x\,\frac{1}{\pi}\mathrm{d}x\mathrm{d}y$$

$$=\frac{1}{\pi}\int_{-1}^{1}\left[\int_{-\sqrt{1-y^2}}^{\sqrt{1-y^2}}x\mathrm{d}x\right]\mathrm{d}y=0,$$

类似得 $\qquad\qquad E(Y)=0,E(XY)=0,$

所以 $\qquad\qquad \mathrm{Cov}(X,Y)=E(XY)-E(X)E(Y)=0.$

例 4.5.2 已知二维随机变量(X,Y)的分布律如下,试讨论 X 与 Y 的线性相关程度.

X＼Y	1	2
−1	0.2	0.3
2	0	0.5

解 先求边缘分布.

X＼Y	1	2	$p_i.$
−1	0.2	0.3	0.5
2	0	0.5	0.5
$p._j$	0.2	0.8	1

$$E(X)=-1\times0.5+2\times0.5=0.5,\ E(Y)=1\times0.2+2\times0.8=1.8,$$

$$E(XY)=-1\times1\times0.2-1\times2\times0.3+2\times1\times0+2\times2\times0.5=1.2,$$

即 $\qquad\qquad \mathrm{Cov}(X,Y)=1.2-0.5\times1.8=0.3.$

$$E(X^2)=(-1)^2\times0.5+2^2\times0.5=2.5,$$

$$E(Y^2)=1^2\times0.2+2^2\times0.8=3.4,$$

即 $D(X)=E(X^2)-E^2(X)=2.5-0.5^2=2.25, D(Y)=3.4-1.8^2=0.16$，

故　　$\rho_{XY}=\dfrac{\text{Cov}(X,Y)}{\sqrt{D(X)D(Y)}}=\dfrac{0.3}{\sqrt{2.25\times0.16}}=\dfrac{0.3}{1.5\times0.4}=0.5.$

X 与 Y 的线性相关程度较高.

6. 利用切比雪夫不等式估计随机事件的概率

例 4.6.1　掷一枚均匀硬币,为了保证至少有 95% 的把握使出现正面的频率与概率 $\dfrac{1}{2}$ 之差不大于 0.1,问至少需要掷硬币多少次?

解　设 μ_n 是 n 次独立重复试验中出现正面的次数, $\dfrac{\mu_n}{n}$ 为出现正面的频率. 又设

$$X_k=\begin{cases}1 & \text{第 } k \text{ 次掷币出现正面}\\ 0 & \text{第 } k \text{ 次掷币出现反面}\end{cases}\quad k=1,2,\cdots$$

则 $\mu_n=\displaystyle\sum_{k=1}^{n}X_k, E(X_k)=p=\dfrac{1}{2}, D(X_k)=p(1-p)=\dfrac{1}{4}, k=1,2,\cdots$

$$D\left(\dfrac{\mu_n}{n}\right)=\dfrac{D(\mu_n)}{n^2}=\dfrac{nD(X_k)}{n^2}=\dfrac{1}{4n}.$$

再由切比雪夫不等式进行估计,得

$$P\left(\left|\dfrac{\mu_n}{n}-\dfrac{1}{2}\right|\leqslant0.1\right)\geqslant1-\dfrac{D\left(\dfrac{\mu_n}{n}\right)}{0.1^2}=1-\dfrac{1}{0.04n}\geqslant0.95\Rightarrow n\geqslant500.$$

至少需要掷硬币 500 次.

7. 利用中心极限定理估计随机事件的概率

例 4.7.1　一仪器同时收到 50 组相互独立的噪声干扰,每组干扰进入该仪器的噪声信号数 $X_i(i=1,2,\cdots,50)$ 都在区间 $[0,10]$ 上服从均匀分布.试求该仪器在同一时刻收到噪声信号总数 $\displaystyle\sum_{k=1}^{50}X_k$ 超过 300 的概率.

解　$E(X_k)=5, D(X_k)=\dfrac{100}{12}, k=1,2,\cdots.$ 由林德贝尔格—勒维中心极限定理,有

$$P\left(\sum_{k=1}^{50} X_k > 300\right) = 1 - P\left(\sum_{k=1}^{50} X_k \leqslant 300\right) \approx 1 - \Phi\left(\frac{300 - 50 \times 5}{\sqrt{50}\sqrt{\frac{100}{12}}}\right)$$

$$= 1 - \Phi(2.45) = 0.007\ 1.$$

例 4.7.2　一复杂系统由 100 个相互独立工作的部件组成,每个部件正常工作的概率为 0.9.已知整个系统至少有 85 个部件正常工作,系统才正常工作.试求系统正常工作的概率.

解　设 μ_{100} 为正常工作的部件数,则 $\mu_{100} \sim B(100, 0.9)$.

$$P(85 \leqslant \mu_{100}) = P(85 - 0.5 < \mu_{100})$$

$$\approx 1 - \Phi\left(\frac{85 - 0.5 - 100 \times 0.9}{\sqrt{100 \times 0.9 \times 0.1}}\right)$$

$$= \Phi(1.83) = 0.966.$$

§4.4　考研类型题解析

一、填空题

例 4.1　设随机变量 $X \sim E(\lambda)$,则 $P\{X > \sqrt{D(x)}\} = \underline{\hspace{2cm}}$.

解　应填 $\dfrac{1}{e}$.

X 的概率密度为 $f(x) = \begin{cases} \dfrac{1}{\lambda}e^{-\frac{x}{\lambda}} & x > 0 \\ 0 & x \leqslant 0 \end{cases}$　$(\lambda > 0)$

$$E(X) = \int_{-\infty}^{+\infty} x f(x)\,dx = \int_0^{+\infty} \frac{x}{\lambda}e^{\frac{x}{\lambda}}\,dx = \lambda,$$

$$E(X^2) = \int_{-\infty}^{+\infty} x^2 f(x)\,dx = \int_0^{+\infty} \frac{x^2}{\lambda}e^{\frac{x}{\lambda}}\,dx = 2\lambda^2,$$

$$D(X) = E(X^2) - [E(X)]^2 = 2\lambda^2 - \lambda^2 = \lambda^2.$$

$$P\{X > \sqrt{D(X)}\} = P\{X > \lambda\} = \int_\lambda^{+\infty} f(x)\,dx = \int_\lambda^{+\infty} \frac{1}{\lambda}e^{\frac{x}{\lambda}}\,dx = \frac{1}{e}.$$

例 4.2　设随机变量 $X \sim U(-1,2)$；随机变量 $Y = \begin{cases} 1 & X > 0 \\ 0 & X = 0，则方差 \\ -1 & X < 0 \end{cases}$

$D(Y) = \underline{\hspace{2cm}}$.

解　应填 $\dfrac{8}{9}$.

由 $X \sim U(-1,2)$ 知其密度函数为

$$f(x) = \begin{cases} \dfrac{1}{3} & -1 < x < 2 \\ 0 & \text{其他} \end{cases},$$

$$E(Y) = 1 \times P\{X > 0\} + 0 \times P\{X = 0\} + (-1) \times P\{X < 0\} = \frac{2}{3} - \frac{1}{3} = \frac{1}{3},$$

$$E(Y^2) = 1 \times P\{X > 0\} + 0 \times P\{X = 0\} + (-1)^2 \times P\{X < 0\} = \frac{2}{3} + \frac{1}{3} = 1,$$

$$D(Y) = E(X^2) - [E(X)]^2 = 1 - \left(\frac{1}{3}\right)^2 = \frac{8}{9}.$$

例 4.3　设随机变量 X 服从参数为 λ 的泊松分布，且已知 $E[(X-1)(X-2)] = 1$，则 $\lambda = \underline{\hspace{2cm}}$.

解　应填 1.

由于 $X \sim \pi(\lambda)$，则 $E(X) = \lambda$，$D(X) = \lambda$. 从而

$$E[(X-1)(X-2)] = E(X^2) - 3E(X) + 2$$
$$= D(X) + [E(X)]^2 - 3E(X) + 2$$
$$= \lambda + \lambda^2 - 3\lambda + 2 = 1.$$

解得 $\lambda = 1$.

例 4.4　设随机变量 X 服从参数为 1 的指数分布，则数学期望 $E[X + \mathrm{e}^{-2X}] = \underline{\hspace{2cm}}$.

解　应填 $\dfrac{4}{3}$.

因为 X 服从参数为 1 的指数分布，其密度函数为

$$f(x) = \begin{cases} e^{-x} & x \geqslant 0 \\ 0 & x < 0 \end{cases}.$$

所以
$$E[X + e^{-2X}] = \int_{-\infty}^{+\infty} (x + e^{-2x}) f(x) \, dx$$

$$= \int_{0}^{+\infty} (x + e^{-2x}) e^{-x} \, dx = \frac{4}{3}.$$

例 4.5 设随机变量 X 与 Y 相互独立且均服从正态分布 $N\left(0, \left(\frac{1}{\sqrt{2}}\right)^2\right)$，则随机变量 $|X-Y|$ 的数学期望 $E(|X-Y|) = $ _____.

解 应填 $\sqrt{\dfrac{2}{\pi}}$.

由于 X 与 Y 相互独立且均服从正态分布 $N\left(0, \left(\frac{1}{\sqrt{2}}\right)^2\right)$，根据正态分布的性质，$X-Y$ 也服从正态分布，且 $E(X-Y)=0$，$D(X-Y)=D(X)+D(Y)=\frac{1}{2}+\frac{1}{2}=1$.

即 $(X-Y) \sim N(0,1)$，于是

$$E(|X-Y|) = \int_{-\infty}^{+\infty} |x| \frac{1}{\sqrt{2\pi}} e^{-\frac{x^2}{2}} \, dx$$

$$= \frac{2}{\sqrt{2\pi}} \int_{0}^{+\infty} \frac{1}{\sqrt{2\pi}} e^{-\frac{x^2}{2}} \, d\frac{x^2}{2} = \sqrt{\frac{2}{\pi}}.$$

二、选择题

例 4.6 设两个相互独立的随机变量 X 与 Y 的方差分别为 4 和 2，则随机变量 $3X-2Y$ 的方差是(   ).

(A) 8   (B) 16   (C) 28   (D) 44

解 应选 D.

由于 X 与 Y 相互独立，所以

$$D(3X-2Y) = D(3X) + D(2Y) = 9D(X) + 4D(Y)$$

$$= 9 \times 4 + 4 \times 2 = 44.$$

例 4.7　将一枚硬币重处复掷 n 次,以 X 和 Y 分别表示正面向上和反面向上的次数,则 X 和 Y 的相关系数等于(　　).

(A) -1　　　　(B) 0　　　　(C) $\dfrac{1}{2}$　　　　(D) 1

解　应选 A.

由于 $X+Y=n$,则 $Y=n-X$,$D(Y)=D(n-X)=D(X)$,$\mathrm{Cov}(X,Y)=$
$\mathrm{Cov}(X,n-X)=-\mathrm{Cov}(X,X)=-D(X)$.

因此,X 和 Y 的相关系数 $\rho_{XY}=\dfrac{-D(X)}{D(X)}=-1$.

例 4.8　设随机变量 $X_1,X_2,\cdots,X_n(n>1)$ 独立同分布,且其方差 $\sigma^2>0$. 令 $Y=\dfrac{1}{n}\sum_{i=1}^{n}X_i$,则(　　).

(A) $\mathrm{Cov}(X_1,Y)=\dfrac{\sigma^2}{n}$　　　　　　(B) $\mathrm{Cov}(X_1,Y)=\sigma^2$

(C) $D(X_1+Y)=\dfrac{(n+2)\sigma^2}{n}$　　　　(D) $D(X_1-Y)=\dfrac{n+1}{n}\sigma^2$

答　应选 A.

由于

$$\mathrm{Cov}(X_1,Y)=\mathrm{Cov}\left(X_1,\frac{1}{n}\sum_{i=1}^{n}X_i\right)$$

$$=\mathrm{Cov}\left(X_1,\frac{1}{n}X_1\right)+\mathrm{Cov}\left(X_1,\frac{1}{n}\sum_{i=2}^{n}X_i\right)$$

$$=\frac{1}{n}\mathrm{Cov}(X_1,X_1)+0=\frac{\sigma^2}{n}.$$

而

$$D(X_1+Y)=D\left(X_1+\frac{1}{n}\sum_{i=1}^{n}X_i\right)$$

$$=D\left(\frac{n+1}{n}X_1+\frac{1}{n}\sum_{i=2}^{n}X_i\right)$$

$$=\left(\frac{n+1}{n}\right)^2\sigma^2+\frac{1}{n^2}(n-1)\sigma^2=\frac{n+3}{n}\sigma^2.$$

$$D(X_1 - Y) = D\left(X_1 - \frac{1}{n}\sum_{i=1}^{n} X_i\right)$$

$$= D\left(\frac{n-1}{n}X_1 - \frac{1}{n}\sum_{i=2}^{n} X_i\right)$$

$$= \left(\frac{n-1}{n}\right)^2 \sigma^2 + \frac{1}{n^2}(n-1)\sigma^2 = \frac{n-1}{n}\sigma^2.$$

三、计算题

例 4.9 已知甲、乙两箱中装有同种产品,其中甲箱中装有 3 件合格品和 3 件次品,乙箱中仅装有 3 件合格品. 从甲箱中任取 3 件产品放入乙箱后,求:

(1) 乙箱中次品件数 X 的数学期望;

(2) 从乙箱中任取一件产品是次品的概率.

解 (1) 乙箱中次品件数 X 的可能取值为 $0,1,2,3$,X 的概率分布为

$$P\{X=k\} = \frac{C_3^k C_3^{3-k}}{C_6^3}, k=0,1,2,3,$$

即

X	0	1	2	3
P	$\frac{1}{20}$	$\frac{9}{20}$	$\frac{9}{20}$	$\frac{1}{20}$

因此

$$E(X) = 0 \times \frac{1}{20} + 1 \times \frac{9}{20} + 2 \times \frac{9}{20} + 3 \times \frac{1}{20} = \frac{3}{2}.$$

(2) 设 A 表示事件"从乙箱中任意取出的一件产品是次品",根据全概率公式,有

$$P(A) = \sum_{k=0}^{3} P\{X=k\}P\{A \mid X=k\}$$

$$= \frac{1}{20} \times 0 + \frac{9}{20} \times \frac{1}{6} + \frac{9}{20} \times \frac{2}{6} + \frac{1}{20} \times \frac{3}{6} = \frac{1}{4}.$$

例 4.10 设随机变量 X 和 Y 相互独立,都在区间 $[1,3]$ 上服从均匀分布;引进事件 $A=\{X \leqslant a\}$,$B=\{Y>a\}$.

(1) 已知 $P(A \cup B) = \dfrac{7}{9}$，求常数 a.

(2) 求 $\dfrac{1}{X}$ 的数学期望.

解 (1) 设 $p = P(A)$. 由 X 和 Y 同分布，知 $P(\overline{B}) = P\{Y \leqslant a\} = P\{X \leqslant a\}$ $= P(A) = p$，故 $P(B) = 1 - p$.

于是

$$P(A \cup B) = P(A) + P(B) - P(A)P(B) = p + (1 - p) + p(1 - p) = \frac{7}{9}$$

由此得 $p_1 = \dfrac{1}{3}, p_2 = \dfrac{2}{3}$. 于是问题有两个解，即 a 有两个可能取值:

由 $\dfrac{1}{3} = P(A) = P\{X \leqslant a\} = \displaystyle\int_1^a \frac{1}{2} \mathrm{d}x = \frac{a-1}{2}$，得 $a_1 = \dfrac{5}{3}$.

由 $\dfrac{2}{3} = P(A) = P\{X \leqslant a\} = \displaystyle\int_1^a \frac{1}{2} \mathrm{d}x = \frac{a-1}{2}$，得 $a_2 = \dfrac{7}{3}$.

(2) $E\left(\dfrac{1}{X}\right) = \displaystyle\int_{-\infty}^{+\infty} \frac{1}{x} f(x) \mathrm{d}x = \int_1^3 \frac{1}{2} \frac{1}{x} \mathrm{d}x = \frac{1}{2} \ln 3$.

例 4.11 设随机变量 X 的概率密度为

$$f(x) = \begin{cases} \dfrac{1}{2} \cos \dfrac{x}{2} & 0 \leqslant x \leqslant \pi \\ 0 & \text{其他} \end{cases}.$$

对 X 独立地观察 4 次，用 Y 表示观察值大于 $\dfrac{\pi}{3}$ 的次数，求 Y^2 的数学期望.

解 首先求 X 观察值大于 $\dfrac{\pi}{3}$ 的概率为

$$P\left\{X > \frac{\pi}{3}\right\} = \int_{\frac{\pi}{3}}^{+\infty} f(x) \mathrm{d}x = \int_{\frac{\pi}{3}}^{\pi} \frac{1}{2} \cos \frac{x}{2} \mathrm{d}x = \sin \frac{x}{2} \bigg|_{\frac{\pi}{3}}^{\pi} = \frac{1}{2}.$$

所以 $Y \sim B\left(4, \dfrac{1}{2}\right)$，从而

$$E(Y) = np = 4 \times \frac{1}{2} = 2, D(Y) = npq = 4 \times \frac{1}{2} \times \frac{1}{2} = 1.$$

所以 $\qquad E(Y^2)=D(Y)+[E(Y)]^2=1+2^2=5.$

例 4. 12 设一设备开机后无故障工作的时间 X 服从指数分布,平均无故障工作的时间 $E(x)$ 为 5 小时.设备定时开机,出现故障自动关机,而在无故障的情况下工作 2 小时便关机.试求该设备第几次开机无故障工作的时间 Y 的分布函数 $F(y)$.

解 设 X 的分布参数为 λ.由于 $E(X)=\lambda=5$,得 X 的分布函数为

$$F(x)=\begin{cases}0 & x<0 \\ 1-\mathrm{e}^{-\frac{x}{5}} & 0\leqslant x<2. \\ 1 & x\geqslant 2\end{cases}$$

显然,$Y=\min\{X,2\}$.

当 $y<0$ 时,$F(y)=0$;当 $y\geqslant 2$ 时,$F(y)=1$.

当 $0\leqslant y<2$ 时,有 $F(y)=P\{Y\leqslant y\}=P\{\min(X,2)\leqslant y\}=P\{X\leqslant y\}=1-\mathrm{e}^{-\frac{y}{5}}$.

于是,Y 的分布函数为

$$F(y)=\begin{cases}0 & y<0 \\ 1-\mathrm{e}^{-\frac{y}{5}} & 0\leqslant y<2. \\ 1 & y\geqslant 2\end{cases}$$

例 4. 13 某流水生产线上每个产品不合格的概率为 $p(0<p<1)$,各产品合格与否相互独立,当出现一个不合格产品时即停机检修.设开机后第一次停机时已生产了的产品个数为 X,求 X 的数学期望 $E(X)$ 和方差 $D(X)$.

解 设 $q=1-p$,X 的概率分布为

$$P\{X=k\}=q^{k-1}p,(k=1,2,\cdots)$$

X 的数学期望为

$$E(X)=\sum_{k=1}^{+\infty}kq^{k-1}p=p\sum_{k=1}^{+\infty}(q^k)'=p\Big(\sum_{k=1}^{+\infty}q^k\Big)'=p\Big(\frac{q}{1-q}\Big)'=\frac{1}{p}.$$

因为

$$E(X^2)=\sum_{k=1}^{+\infty}k^2q^{k-1}p=p\Big[q\Big(\sum_{k=1}^{+\infty}q^k\Big)'\Big]'=p\Big(\frac{q}{(1-q)^2}\Big)'=\frac{2-p}{p^2}.$$

所以 X 的方差为

$$D(X) = E(X^2) - [E(X)]^2 = \frac{1-p}{p^2}.$$

例 4.14　从学校乘汽车到火车站的途中有 3 个交通岗,假设在各个交通岗遇到红灯的事件是相互独立的,并且概率都是 $\frac{2}{5}$. 设 X 为途中遇到红灯的次数,求随机变量 X 的分布律与分布函数和数学期望.

解　(1) 显然,$X \sim B\left(3, \frac{2}{5}\right)$,其分布律为

$$P\{X = k\} = C_3^k \left(\frac{2}{5}\right)^k \left(\frac{3}{5}\right)^{3-k}, k = 0,1,2,3.$$

即

X	0	1	2	3
P	$\frac{27}{125}$	$\frac{54}{125}$	$\frac{36}{125}$	$\frac{8}{125}$

(2) X 的分布函数为

$$F(x) = \begin{cases} 0 & x < 0 \\ \dfrac{27}{125} & 0 \leqslant x < 1 \\ \dfrac{81}{125} & 1 \leqslant x < 2. \\ \dfrac{117}{125} & 2 \leqslant x < 3 \\ 1 & x \geqslant 3 \end{cases}$$

(3) X 的数学期望为

$$E(X) = np = 3 \times \frac{2}{5} = \frac{6}{5}.$$

例 4.15　设某种商品每周的需求量 X 是服从区间 $[10,30]$ 上均匀分布的随机变量,而经销商进货数量为区间 $[10,30]$ 中的某一整数,商店每销售 1 单位商品可获利 500 元;若供大于求则削价处理,每处理 1 单位商品亏损 100

元;若供不应求,则可从外部调剂供应,此时每一单位仅获利 300 元. 为使商店获利润期望值不少于 9 280 元,试确定最少进货量是多少.

解 设进货量为 x,则利润为

$$M_y = \begin{cases} 500y + (X-300) & y < X \leqslant 30 \\ 500X - (y-X)100 & 10 \leqslant X \leqslant y \end{cases}$$

$$= \begin{cases} 300X + 200y & y < X \leqslant 30 \\ 600X - 100y & 10 \leqslant X \leqslant y \end{cases}.$$

则期望利润为

$$E(M_y) = \int_{10}^{30} \frac{1}{20} M_y \mathrm{d}x$$

$$= \frac{1}{20} \int_{10}^{y} (600x - 100y) \mathrm{d}x + \frac{1}{20} \int_{y}^{30} (300x + 200y) \mathrm{d}x$$

$$= \frac{1}{20} \left(600 \cdot \frac{x^2}{2} - 100yx \right)_{10}^{y} + \frac{1}{20} \left(300 \cdot \frac{x^2}{2} - 200yx \right)_{y}^{30}$$

$$= -7.5y^2 + 350y + 5\,250.$$

据题意,有

$$-7.5y^2 + 350y + 5\,250 \geqslant 9\,280,$$

解得

$$\frac{40}{3} \leqslant y \leqslant 26.$$

故获利润期望值不少于 9 280 元的最少进货量是 21.

例 4.16 设 ξ, η 是相互独立且服从同一分布的两个随机变量,已知 ξ 的分布律为 $P(\xi=i) = \frac{1}{3}, i=1,2,3.$ 又设 $X = \max(\xi, \eta), Y = \min(\xi, \eta)$.

(1)写出二维随机变量 (X,Y) 的分布律;

(2)求随机变量 X 的数学期望 $E(x)$.

解 由 $X = \max(\xi, \eta), Y = \min(\xi, \eta)$ 知,X 和 Y 的取值都是 $1,2,3$,且 $P\{X < Y\} = 0.$ 即

$$P\{X=1, Y=2\} = P\{X=1, Y=3\} = P\{X=2, Y=3\} = 0.$$

$$P\{X=1, Y=1\} = P\{\xi=1, \eta=1\} = P\{\xi=1\} P\{\eta=1\} = \frac{1}{9}.$$

$$P\{X=2,Y=2\}=P\{\xi=2,\eta=2\}=P\{\xi=2\}P\{\eta=2\}=\frac{1}{9}.$$

$$P\{X=3,Y=3\}=P\{\xi=3,\eta=3\}=P\{\xi=3\}P\{\eta=3\}=\frac{1}{9}.$$

$$P\{X=2,Y=1\}=P\{\xi=2,\eta=1\}+P\{\xi=1,\eta=2\}=\frac{1}{9}+\frac{1}{9}=\frac{2}{9}.$$

$$P\{X=3,Y=2\}=P\{\xi=2,\eta=3\}+P\{\xi=3,\eta=2\}=\frac{2}{9}.$$

$$P\{X=3,Y=1\}=1-\frac{7}{9}=\frac{2}{9}.$$

(1) (X,Y) 的分布律为

Y \ X	1	2	3
1	$\frac{1}{9}$	$\frac{2}{9}$	$\frac{2}{9}$
2	0	$\frac{1}{9}$	$\frac{2}{9}$
3	0	0	$\frac{1}{9}$

(2) $E(X)=1\times\frac{1}{9}+2\times\frac{3}{9}+3\times\frac{5}{9}=\frac{22}{9}.$

例 4.17 设二维随机变量 (X,Y) 在矩形 $G=\{(x,y)\,|\,0\leqslant x\leqslant 2,0\leqslant y\leqslant 1\}$ 上服从均匀分布. 记

$$U=\begin{cases}0 & X\leqslant Y\\ 1 & X>Y\end{cases},\quad V=\begin{cases}0 & X\leqslant 2Y\\ 1 & X>2Y\end{cases}.$$

(1) 求 U 和 V 的联合分布；

(2) 求 U 和 V 的相关系数.

解 由已知可得

$$P(U=0)=P(X\leqslant Y)=\frac{1}{4},\ P(U=1)=P(X>Y)=\frac{3}{4}.$$

$$P(V=0)=P(X\leqslant 2Y)=\frac{1}{2},\ P(V=1)=P(X>2Y)=\frac{1}{2}.$$

$$P(Y < X \leqslant 2Y) = \frac{1}{4}.$$

(1) (U,V)有四个可能取值:$(0,0),(0,1),(1,0),(1,1)$.

$$P(U=0,V=0) = P(X \leqslant Y, X \leqslant 2Y) = P(X \leqslant Y) = \frac{1}{4}.$$

$$P(U=0,V=1) = P(X \leqslant Y, X > 2Y) = 0.$$

$$P(U=1,V=0) = P(X > Y, X \leqslant 2Y) = P(Y < X \leqslant 2Y) = \frac{1}{4}.$$

$$P(U=1,V=1) = 1 - \frac{1}{4} - \frac{1}{4} = \frac{1}{2}.$$

(U,V)的分布为

V＼U	0	1
0	$\frac{1}{4}$	$\frac{1}{4}$
1	0	$\frac{1}{2}$

(2) 由(1)可得

$$UV \sim \begin{pmatrix} 0 & 1 \\ \frac{1}{2} & \frac{1}{2} \end{pmatrix}; U \sim \begin{pmatrix} 0 & 1 \\ \frac{1}{4} & \frac{3}{4} \end{pmatrix}; V \sim \begin{pmatrix} 0 & 1 \\ \frac{1}{2} & \frac{1}{2} \end{pmatrix}$$

于是,有

$$E(U) = \frac{3}{4}, D(U) = \frac{3}{16}; E(V) = \frac{1}{2}, D(V) = \frac{1}{4}; E(UV) = \frac{1}{2};$$

$$\mathrm{Cov}(U,V) = E(UV) - E(U)E(V) = \frac{1}{8};$$

所求相关系数为

$$\rho = \frac{\mathrm{Cov}(U,V)}{\sqrt{D(U)D(V)}} = \frac{1}{\sqrt{3}}.$$

例 4.18 设随机变量 Y 服从参数为 $\lambda = 1$ 的指数分布,随机变量

$$X_i = \begin{cases} 0 & Y \leqslant k \\ 0 & Y > k \end{cases} (k = 1, 2).$$

（1）求随机变量 X_1 和 X_2 的联合分布；

（2）求 $E(X_1 + X_2)$.

解　（1）Y 的分布函数为 $F(y) = \begin{cases} 1 - e^{-y} & y > 0 \\ 0 & y \leqslant 0 \end{cases}$，$(X_1, X_2)$ 有四个可能

取值：$(0,0), (0,1), (1,0), (1,1)$. 从而

$$P\{X_1 = 0, X_2 = 0\} = P\{Y \leqslant 1, Y \leqslant 2\} = P\{Y \leqslant 1\} = 1 - e^{-1};$$

$P\{X_1 = 0, X_2 = 1\} = P\{Y \leqslant 1, Y > 2\} = 0$；且 $P\{X_1 = 1, X_2 = 0\} = P\{Y > 1,$

$Y \leqslant 2\} = P\{1 < Y \leqslant 2\} = e^{-1} - e^{-2}$；

$$P\{X_1 = 1, X_2 = 1\} = P\{Y > 1, Y > 2\} = P\{Y > 2\} = e^{-2};$$

于是，X_1 和 X_2 的联合分布为

X_2 ＼ X_1	0	1
0	$1 - e^{-1}$	$e^{-1} - e^{-2}$
1	0	e^{-2}

（2）显然有，

$$X_k \sim \begin{pmatrix} 0 & 1 \\ 1 - e^{-k} & e^{-k} \end{pmatrix}$$

因此有　　　　　　$E(X_k) = P\{X_k = 1\} = e^{-k}, (k = 1, 2)$

$$E(X_1 + X_2) = E(X_1) + E(X_2) = e^{-1} + e^{-2}.$$

例 4.19　设随机变量 U 在区间 $[-2, 2]$ 上服从均匀分布，随机变量

$$X = \begin{cases} -1, & U \leqslant -1, \\ 1, & U > -1; \end{cases} \qquad Y = \begin{cases} -1, & U \leqslant 1, \\ 1, & U > 1. \end{cases}$$

（1）求 X 和 Y 的联合分布；

（2）求 $D(X + Y)$.

解　（1）随机变量 U 有四个可能取值 $(-1, -1), (-1, 1), (1, -1), (1, 1)$.

$$P\{X=-1,Y=-1\}=P\{U\leqslant-1,U\leqslant1\}=P\{U\leqslant-1\}=\frac{1}{4}.$$

$$P\{X=-1,Y=1\}=P\{U\leqslant-1,U>1\}=0.$$

$$P\{X=1,Y=-1\}=P\{U>-1,U\leqslant1\}=P\{-1<U\leqslant1\}=\frac{1}{2}.$$

$$P\{X=1,Y=1\}=P\{U>-1,U>1\}=P\{U>1\}=\frac{1}{4}.$$

于是,X 和 Y 的联合分布为

$$(X,Y)\sim\begin{pmatrix}(-1,-1) & (-1,1) & (1,-1) & (1,1)\\ \dfrac{1}{4} & 0 & \dfrac{1}{2} & \dfrac{1}{4}\end{pmatrix}$$

(2) $X+Y$ 和 $(X+Y)^2$ 的概率分布分别为

$$X+Y\sim\begin{pmatrix}-2 & 0 & 2\\ \dfrac{1}{4} & \dfrac{1}{2} & \dfrac{1}{4}\end{pmatrix},(X+Y)^2\sim\begin{pmatrix}0 & 4\\ \dfrac{1}{2} & \dfrac{1}{2}\end{pmatrix}$$

从而 $E(X+Y)=-\dfrac{2}{4}+0+\dfrac{2}{4}=0$；$E[(X+Y)^2]=0+\dfrac{4}{2}=2.$

$$D(X+Y)=E[(X+Y)^2]-[E(X+Y)]^2=2.$$

例 4.20 设二维随机变量 (X,Y) 的概率密度函数为

$$f(x,y)=\frac{1}{2}[\varphi_1(x,y)+\varphi_2(x,y)].$$

其中,$\varphi_1(x,y)$ 和 $\varphi_2(x,y)$ 都是二维正态密度函数,且它们对应的二维随机变量的相关系数分别为 $\dfrac{1}{3}$ 和 $-\dfrac{1}{3}$,它们的边缘密度函数所对应的随机变量的数学期望都是 0,方差都是 1.

(1) 求随机变量 X 和 Y 的密度函数 $f_1(x)$ 和 $f_2(y)$,及 X 和 Y 的相关系数 ρ(可以直接利用二维正态密度的性质).

(2) 问 X 和 Y 是否相互独立? 为什么?

解 (1) 由于二维正态密度的两个边缘密度函数都是标准正态密度函数,因此 $\varphi_1(x,y)$ 和 $\varphi_2(x,y)$ 的两个边缘密度为标准正态密度函数,故

$$f_1(x) = \int_{-\infty}^{+\infty} f(x,y)\mathrm{d}y = \frac{1}{2}\Big[\int_{-\infty}^{+\infty}\varphi_1(x,y)\mathrm{d}y + \int_{-\infty}^{+\infty}\varphi_2(x,y)\mathrm{d}y\Big]$$

$$= \frac{1}{2}\Big[\frac{1}{\sqrt{2\pi}}\mathrm{e}^{-\frac{x^2}{2}} + \frac{1}{\sqrt{2\pi}}\mathrm{e}^{-\frac{x^2}{2}}\Big] = \frac{1}{\sqrt{2\pi}}\mathrm{e}^{-\frac{x^2}{2}};$$

同理，$f_2(y) = \dfrac{1}{\sqrt{2\pi}}\mathrm{e}^{-\frac{y^2}{2}}$.

由于 $X \sim N(0,1)$，$Y \sim N(0,1)$，于是 $E(X) = E(Y) = 0$，$D(X) = D(Y) = 1$. 随机变量 X 和 Y 的相关系数

$$\rho = \int_{-\infty}^{+\infty}\int_{-\infty}^{+\infty} xyf(x,y)\mathrm{d}x\mathrm{d}y$$

$$= \frac{1}{2}\Big[\int_{-\infty}^{+\infty}\int_{-\infty}^{+\infty} xy\varphi_1(x,y)\mathrm{d}y + \int_{-\infty}^{+\infty}\int_{-\infty}^{+\infty} xy\varphi_2(x,y)\mathrm{d}y\Big]$$

$$= \frac{1}{2}\Big(\frac{1}{3} - \frac{1}{3}\Big) = 0.$$

（2）由题设

$$f(x,y) = \frac{1}{2}\big[\varphi_1(x,y) + \varphi_2(x,y)\big]$$

$$= \frac{3}{8\pi\sqrt{2}}\big[\mathrm{e}^{-\frac{9}{16}(x^2 - \frac{2}{3}xy + y^2)} + \mathrm{e}^{-\frac{9}{16}(x^2 + \frac{2}{3}xy + y^2)}\big].$$

$$f_1(x) \cdot f_2(y) = \frac{1}{2\pi}\mathrm{e}^{-\frac{x^2}{2}} \cdot \mathrm{e}^{-\frac{y^2}{2}} = \frac{1}{2\pi}\mathrm{e}^{-\frac{x^2+y^2}{2}},$$

$f(x,y) \neq f_1(x) \cdot f_2(y)$，所以 X 和 Y 不相互独立.

例 4.21　两台同样自动记录仪，每台无故障工作的时间服从参数为 5 的指数分布；首先开动其中一台，当其发生故障时停用而另一台自动开动. 试求两台记录仪无故障工作的总时间 T 的概率密度 $f(t)$，数学期望和方差.

解　（1）设 X_1 和 X_2 分别表示先后开动的记录仪无故障工作的时间，则 $T = X_1 + X_2$，由所给条件知 $X_i(i=1,2)$ 的概率密度为

$$p_i(x) = \begin{cases} \dfrac{1}{5}\mathrm{e}^{-\frac{x}{5}} & x > 0 \\ 0 & x \leqslant 0 \end{cases}.$$

两台仪器无故障工作时间 X_1 和 X_2 显然是相互独立的.

于是,当 $t>0$ 时,

$$f(t) = \int_{-\infty}^{+\infty} p_1(x) p_2(t-x)\mathrm{d}x = \frac{1}{25}\int_0^t \mathrm{e}^{-\frac{x}{5}} \mathrm{e}^{-\frac{t-x}{5}}\mathrm{d}x = \frac{t}{25}\mathrm{e}^{-\frac{t}{5}}.$$

当 $t<0$ 时,$f(t)=0$.

故

$$f(t) = \begin{cases} \dfrac{t}{25}\mathrm{e}^{-\frac{t}{5}} & t>0 \\ 0 & t\leqslant 0 \end{cases}.$$

(2) 由于 $X_i(i=1,2)$ 服从 $\lambda=5$ 的指数分布,知

$$E(X_i)=5;D(X_i)=25(i=1,2).$$

因此,有

$$E(T)=E(X_1+X_2)=E(X_1)+E(X_2)=10.$$

由于 X_1 和 X_2 相互独立,得

$$D(T)=D(X_1+X_2)=D(X_1)+D(X_2)=50.$$

四、证明题

例 4.22　设 A,B 是二随机事件;随机变量

$$X=\begin{cases} 1 & \text{若 } A \text{ 出现} \\ -1 & \text{若 } A \text{ 不出现} \end{cases}. \qquad Y=\begin{cases} 1 & \text{若 } B \text{ 出现} \\ -1 & \text{若 } B \text{ 不出现} \end{cases}.$$

试证明随机变量 X 和 Y 不相关的充分必要条件是 A 与 B 相互独立.

证记 $P(A)=p_1,P(B)=p_2,P(AB)=p_{12}$. 由数学期望的定义,有

$$E(X)=P(A)-P(\overline{A})=2p_1-1, E(Y)=2p_2-1.$$

由于 XY 只有两个可能取值 1 和 -1,从而

$$P(XY=1)=P(AB)+P(\overline{A}\,\overline{B})=2p_{12}-p_1-p_2+1.$$

$$P(XY=-1)=1-P(XY=1)=p_1+p_2-2p_{12},$$

$$E(XY)=P(XY=1)-P(XY=-1)=4p_{12}-2p_1-2p_2+1.$$

所以,有

$$\mathrm{Cov}(X,Y)=E(XY)-E(X)\cdot E(Y)=4p_{12}-4p_1p_2.$$

因此,$\mathrm{Cov}(X,Y)=0$ 当且仅当 $p_{12}=p_1p_2$.

即 X 和 Y 不相关的充分必要条件是 A 与 B 相互独立.

§4.5 基础训练题

一、填空题

1. 已知 $X \sim N(-2, 0.4^2)$，则 $E(X+3)^2 = $ _____ .

2. 设 X 的概率密度为 $f(x) = \dfrac{1}{\sqrt{\pi}} e^{-x^2}$，则 $D(X) = $ _____ .

3. 设 $X \sim N(10, 0.6)$，$Y \sim N(1, 2)$，且 X 与 Y 相互独立，则 $D(3X-Y) = $ _____ .

4. 设随机变量 X_1, X_2, X_3 相互独立，其中 X_1 在 $[0, 6]$ 上服从均匀分布，X_2 服从正态分布 $N(0, 2^2)$，X_3 服从参数为 $\lambda=3$ 的泊松分布，记 $Y = X_1 - 2X_2 + 3X_3$，则 $D(Y) = $ _____ .

5. 设 $D(X) = 25$，$D(Y) = 36$，$\rho_{xy} = 0.4$，则 $D(X+Y) = $ _____ .

二、选择题

1. 掷一颗均匀的骰子 600 次，那么出现"一点"次数的均值为（   ）.

(A) 50   (B) 100   (C) 120   (D) 150

2. 设 $X \sim \pi(\lambda)$，且 $E[(X-1)(X-2)] = 1$，则 $\lambda = $（   ）.

(A) 1   (B) 2   (C) 3   (D) 0

3. 设 X_1, X_2, X_3 相互独立同服从参数 $\lambda=3$ 的泊松分布，令 $Y = \dfrac{1}{3}(X_1 + X_2 + X_3)$，则 $E(Y^2) = $（   ）.

(A) 1   (B) 9   (C) 10   (D) 6

4. 对于任意两个随机变量 X 和 Y，若 $E(XY) = E(X) \cdot E(Y)$，则（   ）.

(A) $D(XY) = D(X) \cdot D(Y)$ (B) $D(X+Y) = D(X) + D(Y)$

(C) X 和 Y 独立   (D) X 和 Y 不独立

5. 设随机变量 X 和 Y 的方差存在且不等于 0，则 $D(X+Y) = D(x) + D(Y)$ 是 X 和 Y 的（   ）.

(A) 不相关的充分条件，但不是必要条件

(B) 独立的必要条件，但不是充分条件

(C) 不相关的充分必要条件

(D) 独立的充分必要条件

三、解答题

1. 盒中有 7 个球,其中 4 个白球,3 个黑球,从中任抽 3 个球,求抽到白球数 X 的数学期望 $E(X)$ 和方差 $D(X)$.

2. 有一物品的重量为 1 克,2 克,……,10 克是等概率的,为用天平称此物品的重量准备了三组砝码,甲组有五个砝码分别为 1,2,2,5,10 克,乙组为 1,1,2,5,10 克,丙组为 1,2,3,4,10 克,只准用一组砝码放在天平的一个称盘里称重量,问哪一组砝码称重物时所用的砝码数平均最少?

3. 公共汽车起点站于每小时的 10 分,30 分,55 分发车,该顾客不知发车时间,在每小时内的任一时刻随机到达车站,求乘客候车时间的数学期望(准确到秒).

4. 设排球队 A 与 B 比赛,若有一队胜 4 场,则比赛宣告结束,假设 A,B 在每场比赛中获胜的概率均为 $\dfrac{1}{2}$,试求平均需比赛几场才能分出胜负.

5. 一袋中有 n 张卡片,分别记为 1,2,$\cdots$,n,从中有放回地抽取出 k 张来,以 X 表示所得号码之和,求 $E(X)$,$D(X)$.

6. 设二维连续型随机变量 (X,Y) 的联合概率密度为:

$$f(x,y)=\begin{cases} k & 0<x<1,0<y<x \\ 0 & 其他 \end{cases}.$$

求:(1) 常数 k;(2) $E(XY)$ 及 $D(XY)$.

四、证明题

设随机变量 X 的概率密度为 $f(x)=\dfrac{1}{2}e^{-|x|}$,$-\infty<x<+\infty$.

证明:(1) $E(X)=0$,$D(X)=2$;

(2) X 与 $|X|$ 不相互独立;

(3) X 与 $|X|$ 的协方差为零,X 与 $|X|$ 不相关.

第5章　数理统计的基础知识

§5.1　本章内容综述

5.1.1　总体与样本

1. 总体与个体

数理统计中通常把研究对象的全体称为总体,而把总体中的每个对象称为个体.

统计学中称随机变量 X 为总体,并把随机变量 X 的分布称为总体分布.

2. 样本与样本值

设有总体 X,若 $X_1,X_2,\cdots,X_n$ 是取自总体 X,相互独立且与总体 X 同分布的随机变量,称 $X_1,X_2,\cdots,X_n$ 为总体 X 的简单随机样本,样本中所含分量的个数 n 称为该样本的容量.在一次试验中,样本 $X_1,X_2,\cdots,X_n$ 的一组观测值 $x_1,x_2,\cdots,x_n$ 称为样本值.也可以将样本看成是一个随机向量,写成 $(X_1,X_2,\cdots,X_n)$,此时样本值相应地写成 $(x_1,x_2,\cdots,x_n)$.

3. 样本的特点

(1) 独立性　$X_1,X_2,\cdots,X_n$ 是相互独立的.

(2) 代表性　$X_1,X_2,\cdots,X_n$ 与总体 X 同分布,可以代表总体.

4. 样本的分布函数

设总体 X 有分布函数 $F(x)$,于是样本 $X_1,X_2,\cdots,X_n$ 的联合分布函数为

$$F(x_1,x_2,\cdots,x_n) = \prod_{i=1}^{n} F(x_i).$$

(1) 设总体 X 为离散型随机变量,此时 X 的概率分布为

$$P\{X=x_i\}=p_i,i=1,2,\cdots,$$

则样本 $X_1,X_2,\cdots,X_n$ 的联合概率分布为

$$P\{X_1=x_1,X_2=x_2,\cdots,X_n=x_n\}=\prod_{i=1}^{n}P\{X_i=x_i\}=\prod_{i=1}^{n}p_i,$$

其中 $x_1,x_2,\cdots,x_n$ 为 $X_1,X_2,\cdots,X_n$ 的任一组可能的观测值.

（2）设总体 X 为连续型随机变量,此时总体 X 有分布密度 $f(x)$,则样本 $X_1,X_2,\cdots,X_n$ 的联合分布密度为

$$f(x_1,x_2,\cdots,x_n)=\prod_{i=1}^{n}f(x_i).$$

（3）如果总体 X 的均值和方差分别为 μ,σ^2,则

$$E(X_k)=\mu,D(X_k)=\sigma^2,k=1,2,\cdots,n.$$

5.1.2　统计量

1. 统计量的概念

设 $X_1,X_2,\cdots,X_n$ 是来自总体 X 的一个样本,$g(X_1,X_2,\cdots,X_n)$ 是 $X_1,X_2,\cdots,X_n$ 的函数,若 g 中不含未知参数,则称 $g(X_1,X_2,\cdots,X_n)$ 是一个统计量.

统计量是一个随机变量.设 $x_1,x_2,\cdots,x_n$ 是相应于样本 $X_1,X_2,\cdots X_n$ 的样本值,则称 $g(x_1,x_2,\cdots,x_n)$ 是 $g(X_1,X_2,\cdots,X_n)$ 的观察值.

2. 常用的统计量

设 $X_1,X_2,\cdots,X_n$ 是来自总体 X 的一个样本.

（1）样本均值

$$\overline{X}=\frac{1}{n}\sum_{i=1}^{n}X_i.$$

（2）样本方差

$$S^2=\frac{1}{n-1}\sum_{i=1}^{n}(X_i-\overline{X})^2=\frac{1}{n-1}\Big(\sum_{i=1}^{n}X_i^2-n\overline{X}^2\Big).$$

（3）样本标准差

$$S=\sqrt{S^2}=\sqrt{\frac{1}{n-1}\sum_{i=1}^{n}(X_i-\overline{X})^2}.$$

（4）样本 k 阶（原点）矩

$$\hat{\nu}_k = \frac{1}{n} \sum_{i=1}^{n} X_i^k, k = 1, 2, \cdots.$$

显然，样本均值（$k=1$）是一阶原点矩.

（5）样本 k 阶中心矩

$$\hat{\mu}_k = \frac{1}{n} \sum_{i=1}^{n} (X_i - \overline{X})^k, k = 1, 2, \cdots.$$

5.1.3　常用的抽样分布

1. 上 α 分位点

1）上侧分位点

设随机变量 X 的分布函数为 $F(x)$，对给定的实数 $\alpha(0 < \alpha < 1)$，如果实数 F_α 满足

$$P\{X > F_\alpha\} = \alpha,$$

即

$$1 - F(F_\alpha) = \alpha \quad \text{或} \quad F(F_\alpha) = 1 - \alpha,$$

则称 F_α 为随机变量 X 的分布水平 α 的上侧分位点，或直接称为分布函数 $F(x)$ 的上 α 分位点. 与分布函数的上 α 分位点有关的两个等式：

（1）$P(X \leqslant F_{1-\alpha}) = \alpha$；

（2）$P(F_{1-\frac{\alpha}{2}} < X \leqslant F_{\frac{\alpha}{2}}) = 1 - \alpha$.

2）双侧分位点

设 X 是对称分布的连续型随机变量，其分布函数为 $F(x)$，对给定的实数 $\alpha(0 < \alpha < 1)$，如果正实数 $F_{\frac{\alpha}{2}}$ 满足

$$P(|X| > F_{\frac{\alpha}{2}}) = \alpha,$$

即

$$F(F_{\frac{\alpha}{2}}) - F(-F_{\frac{\alpha}{2}}) = 1 - \alpha.$$

则称 $F_{\frac{\alpha}{2}}$ 为随机变量 X 的分布水平 α 的双侧分位点，也简称为分位点. 对于具有对称密度函数的分布函数的上 α 分位点，恒有

$$F_\alpha = -F_{1-\alpha} \quad \text{或} \quad F_{1-\alpha} = -F_\alpha.$$

$F_{1-\alpha}$ 和 F_α 又称为左侧分位点和右侧分位点.

2. 抽样分布

1) U 统计量与分布

设总体 $X \sim N(\mu, \sigma^2)$,$(X_1, X_2, \cdots, X_n)$ 为样本,$\overline{X}$ 为样本均值,则称

$$U = \frac{\overline{X} - \mu}{\dfrac{\sigma}{\sqrt{n}}}$$

为 U 统计量,且 $U \sim N(0, 1)$.

2) χ^2 统计量与分布

设总体 $X \sim N(0, 1)$,$(X_1, X_2, \cdots, X_n)$ 为样本,则称

$$\chi^2 = \sum_{i=1}^{n} X_i^2$$

是自由度为 n 的 χ^2 统计量. χ^2 统计量的分布为 χ^2 分布,记为 $\chi^2 \sim \chi^2(n)$,n 为分布 $\chi^2(n)$ 的自由度.

χ^2 分布具有以下性质:

(1) 若 $X \sim \chi^2(n)$,则 $E(X) = n$,$D(X) = 2n$.

(2) 若 $X \sim \chi^2(n)$,$Y \sim \chi^2(m)$,并且 X 和 Y 相互独立,则 $X + Y \sim \chi^2(n+m)$.

3) t 统计量与分布

设随机变量 $X \sim N(0, 1)$,$Y \sim \chi^2(n)$,且 X 与 Y 相互独立,则称随机变量

$$t = \frac{X}{\sqrt{\dfrac{Y}{n}}}$$

是自由度为 n 的 t 统计量. t 统计量的分布为 t 分布,记为 $t \sim t(n)$,n 为分布 $t(n)$ 的自由度.

4) F 统计量与分布

设 $X \sim \chi^2(m)$,$Y \sim \chi^2(n)$,X 与 Y 相互独立,则称

$$F = \frac{\dfrac{X}{m}}{\dfrac{Y}{n}} = \frac{nX}{mY}$$

是第一自由度为 m,第二自由度为 n 的 F 统计量. F 统计量的分布为 F 分布,记为 $F \sim F(m,n)$.

显然,若 $F \sim F(m,n)$,则 $\dfrac{1}{F} \sim F(n,m)$,从而有 $F_{1-\alpha}(m,n) = \dfrac{1}{F_\alpha(n,m)}$.

3. 正态总体的抽样分布

1）单个正态总体的抽样分布

定理 5.1　设 $X_1, X_2, \cdots, X_n$ 为总体 $X \sim N(\mu, \sigma^2)$ 的一个样本,$\overline{X}, S^2$ 分别为样本均值和样本方差,则

(1) $\overline{X} \sim N\left(\mu, \dfrac{\sigma^2}{n}\right)$;

(2) $U = \dfrac{\overline{X} - \mu}{\dfrac{\sigma}{\sqrt{n}}} \sim N(0,1)$;

(3) $\chi^2 = \dfrac{n-1}{\sigma^2} S^2 \sim \chi^2(n-1)$;

(4) $T = \dfrac{\overline{X} - \mu}{\dfrac{S}{\sqrt{n}}} \sim t(n-1)$;

(5) 样本均值 $\overline{X}$ 与样本方差 S^2 相互独立.

2）两个正态总体的抽样分布

定理 5.2　设 X, Y 是相互独立的两个总体,且 $X \sim N(\mu_1, \sigma_1^2)$,样本为 $(X_1, X_2, \cdots, X_{n_1})$,$\overline{X}, S_1^2$ 分别为样本均值和样本方差;$Y \sim N(\mu_2, \sigma_2^2)$,样本为 $(Y_1, Y_2, \cdots, Y_{n_2})$,$\overline{Y}, S_2^2$ 分别为样本均值和样本方差.则

(1) $U = \dfrac{(\overline{X} - \overline{Y}) - (\mu_1 - \mu_2)}{\sqrt{\dfrac{\sigma_1^2}{n_1} + \dfrac{\sigma_2^2}{n_2}}} \sim N(0,1)$;

(2) $F = \dfrac{\dfrac{S_1^2}{S_2^2}}{\dfrac{\sigma_1^2}{\sigma_2^2}} \sim F(n_1-1, n_2-1);$

(3) 在 $\sigma_1 = \sigma_2 = \sigma$ 下,有

$$T = \frac{(\overline{X} - \overline{Y}) - (\mu_1 - \mu_2)}{S_w \sqrt{\dfrac{1}{n_1} + \dfrac{1}{n_2}}} \sim t(n_1 + n_2 - 2),$$

其中

$$S_w^2 = \frac{(n_1-1)S_1^2 + (n_2-1)S_2^2}{n_1 + n_2 - 2},$$

$$F = \frac{S_1^2}{S_2^2} = \frac{\dfrac{1}{n_1-1} \sum_{i=1}^{n_1} (X_i - \overline{X})^2}{\dfrac{1}{n_2-1} \sum_{i=1}^{n_2} (Y_i - \overline{Y})^2} \sim F(n_1-1, n_2-1).$$

§5.2　易错概念问题解析

1. 什么是简单随机样本? 怎样抽样可以得到简单随机样本?

答　设 $X_1, X_2, \cdots, X_n$ 是来自总体 X 的样本,如果满足:

(1) $X_1, X_2, \cdots, X_n$ 与 X 同分布;

(2) $X_1, X_2, \cdots, X_n$ 相互独立,

则称为简单随机样本. 此时,样本分布与总体分布的联系为

$$F_n(x_1, x_2, \cdots, x_n) = \prod_{i=1}^{n} F(x_i),$$

其中 F_n 是样本分布函数, F 是总体分布函数.

对总体进行随机地独立地重复观测即可得到简单随机样本. 随机性是指总体的每一个个体有相同的机会被抽到,因而样本对总体更具代表性. 独立性是指每次抽样的结果不受其他次抽样结果的影响.

2. 为什么要引进统计量? 为什么统计量中不能含有未知参数?

答　引进统计量的目的是为了将杂乱无序的样本值归结为一个便于进行统计推断和研究分析的形式,集中样本所含信息,使之更易揭示问题实质,从而解决问题.

如果统计量中仍含有未知参数,就无法依靠样本观测值求出未知参数的估计值,因而失去利用统计量估计未知参数的意义,这是违背我们引进统计量的初衷的.

3. 什么叫大样本与小样本? 它们是以什么区分的?

答　在样本容量固定的条件下,进行的统计推断、分析问题称为小样本问题.因为样本容量固定,如果能得到有关统计量或样本函数的精确分布,就能较精确和较满意地讨论和分析各种统计问题.

在样本容量趋于无穷条件下,进行的统计推断、分析问题称为大样本问题.此时若能求出有关统计量或样本函数的极限分布,也可以利用极限分布作为近似分布来统计推断.

所以,大样本与小样本不是以样本容量的大小来区分的,而是以得到统计量或样本函数的方式来区分的.事实上,小样本问题有时要求的样本容量也很大,而大样本问题有时要求的样本容量并不大.

4. 总体均值、总体方差、样本均值与样本方差的关系.

答　设 $X_1, X_2, \cdots, X_n$ 是来自总体 X 的一个简单随机样本,则总体均值、总体方差分别是 $E(X), D(X)$,样本均值与样本方差分别是 $\overline{X}, S^2$.

样本均值的数学期望 $E(\overline{X}) = E\left(\dfrac{1}{n}\sum\limits_{i=1}^{n} X_i\right) = \dfrac{n}{n}E(X) = E(X)$,即样本均值的数学期望等于总体均值. 样本均值的方差 $D(\overline{X}) = D\left(\dfrac{1}{n}\sum\limits_{i=1}^{n} X_i\right) = \dfrac{n}{n^2}D(X) = \dfrac{1}{n}D(X)$,即样本均值的方差等于总体方差的 $\dfrac{1}{n}$. 样本方差的数学期望

$$E(S^2) = E\left[\frac{1}{n-1}\left(\sum_{i=1}^{n} X_i^2 - n\overline{X}^2\right)\right] = \frac{1}{n-1}\left[\sum_{i=1}^{n} E(X_i^2) - nE(\overline{X}^2)\right]$$

$$=\frac{1}{n-1}\left\{n\left[E(X)\right]^2+nD(X)-n\left[E(X)\right]^2-\frac{n}{n}D(X)\right\}=D(X),$$

即样本方差的数学期望等于总体方差.

5. 什么是自由度？如何计算自由度？

答　所谓自由度，通常是指不受任何约束，可以自由变动的变量的个数. 在数理统计中，自由度是对随机变量的二次型(可称为二次统计量)而言的. 因为一个含有 n 个变量的二次型

$$\sum_{i=1}^{n}\sum_{j=1}^{n}a_{ij}X_iX_j\quad(a_{ij}=a_{ji},i,j=1,2,\cdots,n)$$

的秩是指对称矩阵 $A=(a_{ij})_{n\times n}$ 的秩，它的大小反映 n 个变量中能自由变动的无约束变量的多少. 我们所说的自由度，就是二次型的秩.

计算自由度有两种方法，举例说明如下：

例 1　求统计量 $\sum_{i=1}^{n}(X_i-\overline{X})^2$ 的自由度.

解
$$\sum_{i=1}^{n}(X_i-\overline{X})^2=\sum_{i=1}^{n}X_i^2-n\overline{X}^2=\sum_{i=1}^{n}X_i^2-\frac{1}{n}\left(\sum_{i=1}^{n}X_i\right)^2$$
$$=\sum_{i=1}^{n}\left(1-\frac{1}{n}\right)X_i^2-\frac{2}{n}\sum_{i\neq j}X_iX_j$$
$$=X'AX,$$

其中

$$X=\begin{bmatrix}X_1\\X_2\\\vdots\\X_n\end{bmatrix},A=\begin{bmatrix}1-\frac{1}{n}&-\frac{1}{n}&\cdots&-\frac{1}{n}\\-\frac{1}{n}&1-\frac{1}{n}&\cdots&-\frac{1}{n}\\\cdots&\cdots&\cdots&\cdots\\-\frac{1}{n}&-\frac{1}{n}&\cdots&1-\frac{1}{n}\end{bmatrix}$$

可以通过初等变换求得 A 的秩为 $n-1$，所以统计量 $\sum_{i=1}^{n}(X_i-\overline{X})^2$ 的自由度为 $n-1$.

例 2　设有 pq 个独立随机变量 $X_{ij}, i=1,\cdots,p, j=1,\cdots,q$. 又令

$$\overline{X}_{i.} = \frac{1}{q} \cdot \sum_{j=1}^{q} X_{ij}, \overline{X}_{.j} = \frac{1}{p} \cdot \sum_{i=1}^{p} X_{ij},$$

$$\overline{X} = \frac{1}{pq} \cdot \sum_{i=1}^{p} \sum_{j=1}^{q} X_{ij},$$

求统计量 $S_E = \sum\limits_{i=1}^{p} \sum\limits_{j=1}^{q} (X_{ij} - \overline{X}_{i.} - \overline{X}_{.j} + \overline{X})^2$ 的自由度.

解　二次型 S_E 有 pq 个变量,但有线性约束条件:

$$\sum_{i=1}^{p} (X_{ij} - \overline{X}_{i.} - \overline{X}_{.j} + \overline{X}) = p\overline{X}_{.j} - p\overline{X} - p\overline{X}_{.j} + p\overline{X} = 0, j = 1,\cdots,q;$$

$$\sum_{j=1}^{q} (X_{ij} - \overline{X}_{i.} - \overline{X}_{.j} + \overline{X}) = q\overline{X}_{i.} - q\overline{X}_{i.} - q\overline{X} + q\overline{X} = 0, i = 1,\cdots,p.$$

共有 $p+q$ 个约束条件,这些条件间又有关系

$$\sum_{i=1}^{p} \sum_{j=1}^{q} (X_{ij} - \overline{X}_{i.} - \overline{X}_{.j} + \overline{X}) = 0,$$

所以 S_E 的自由度为

$$pq - (p+q-1) = (p-1)(q-1).$$

§5.3　典型问题解析

1. 求样本的联合分布列或联合分布密度

例 5.1.1　设总体 $X \sim g(p)$,试求样本 $X_1, X_2, \cdots, X_n$ 的联合分布列.

解　几何分布总体分布列为

$$P\{X=k\} = (1-p)^{k-1}p, k=1,2,\cdots,$$

则联合分布列为

$$P\{X_1 = x_1, \cdots, X_n = x_n\} = \prod_{k=1}^{n} \left[(1-p)^{x_k-1}p \right] = (1-p)^{\sum\limits_{k=1}^{n} x_k - n} p^n,$$

其中 $x_k = 1, 2, \cdots, k=1, 2, \cdots, n$.

例 5.1.2　设总体 X 的密度函数为

$$f(x)=\begin{cases}(1+\sqrt{\theta})x^{\sqrt{\theta}} & 0<x<1,\theta>0 \\ 0 & 其他\end{cases},$$

试求样本 $X_1,X_2,\cdots,X_n$ 的联合分布密度.

解　样本联合分布密度为

$$f(x_1,x_2,\cdots,x_n)$$

$$=\begin{cases}\prod_{k=1}^{n}(1+\sqrt{\theta})x_k^{\sqrt{\theta}}=(1+\sqrt{\theta})^n\prod_{k=1}^{n}x_k^{\sqrt{\theta}} & 0<x_k<1,k=1,\cdots,n \\ 0 & 其他\end{cases}.$$

特别指出,如果 $x_1,x_2,\cdots,x_n$ 表示样本值时,例 5.1.2 的样本联合分布密度为

$$f(x_1,x_2,\cdots,x_n)=\prod_{k=1}^{n}(1+\sqrt{\theta})x_k^{\sqrt{\theta}}=(1+\sqrt{\theta})^n\prod_{k=1}^{n}x_k^{\sqrt{\theta}}.$$

2. 求样本均值和样本方差的数学期望及方差

例 5.2.1　设 $X\sim\pi(\lambda),X_1,X_2,\cdots,X_n$ 是来自 X 的一个样本,$\overline{X},S^2$ 分别为样本均值和样本方差,求 $D(\overline{X}),E(S^2)$.

解　因为 $E(\overline{X})=E(X_i)=D(X_i)=\lambda$,所以有

$$D(\overline{X})=D\left(\frac{1}{n}\sum_{i=1}^{n}x_i\right)=\frac{1}{n^2}\sum_{i=1}^{n}D(x_i)=\frac{\lambda}{n};$$

又

$$E(X_i^2)=D(X_i)+[E(X_i)]^2=\lambda+\lambda^2,$$

$$E(\overline{X}^2)=D(\overline{X})+[E(\overline{X})]^2=\frac{\lambda}{n}+\lambda^2,$$

故

$$E(S^2)=E\left[\frac{1}{n-1}\sum_{i=1}^{n}(X_i-\overline{X})^2\right]=\frac{1}{n-1}E\left[\sum_{i=1}^{n}X_i^2-nE(\overline{X}^2)\right]$$

$$=\frac{1}{n-1}\left[n(\lambda+\lambda^2)-n\left(\frac{\lambda}{n}+\lambda^2\right)\right]=\lambda.$$

例 5.2.2　设总体 $X\sim\chi^2(n),X_1,X_2,\cdots,X_n$ 是来自 X 的一个简单随机样本,求 $E(\overline{X}),D(\overline{X}),E(S^2)$.

解　因为 $X \sim \chi^2(n)$，所以有 $E(X) = n, D(X) = 2n$，故

$$E(\overline{X}) = \frac{1}{n}E\left(\sum_{i=1}^{n}X_i\right) = \frac{1}{n} \times n \times n = n,$$

$$D(\overline{X}) = \frac{1}{n^2}D\left(\sum_{i=1}^{n}X_i\right) = \frac{2n^2}{n^2} = 2,$$

$$E(S^2) = E\left[\frac{1}{n-1}\sum_{i=1}^{n}(X_i - \overline{X})^2\right] = \frac{1}{n-1}E\left[\sum_{i=1}^{n}X_i^2 - nE(\overline{X}^2)\right]$$

$$= \frac{(2n+n^2)n}{n-1} - \frac{n}{n-1}(2+n^2) = 2n.$$

例 5.2.3　设 $X \sim N(\mu,\sigma^2), X_1, X_2, \cdots, X_n$ 是来自 X 的一个样本，$\overline{X}, S^2$ 分别为样本均值和样本方差，试证：$E[(\overline{X}S^2)^2] = \left(\frac{\sigma^2}{n} + \mu^2\right)\left(\frac{2\sigma^2}{n-1} + \sigma^2\right)$.

证　由于 $\overline{X}, S^2$ 相互独立，故 $\overline{X}^2, S^4$ 相互独立，则

$$E[(\overline{X}S^2)^2] = E(\overline{X}^2 S^4) = E(\overline{X}^2)E(S^4),$$

$$E(\overline{X}^2) = D(\overline{X}) + [E(\overline{X})]^2 = \frac{\sigma^2}{n} + \mu^2, \quad E(S^4) = D(S^2) + [E(S^2)]^2.$$

又 $\dfrac{(n-1)S^2}{\sigma^2} \sim \chi^2(n-1)$，则

$$\frac{(n-1)}{\sigma^2}E(S^2) = n-1, \quad \left(\frac{n-1}{\sigma^2}\right)^2 D(S^2) = 2(n-1),$$

故

$$E(S^2) = \sigma^2, \quad D(S^2) = \frac{2\sigma^4}{n-1}, \quad E(S^4) = D(S^2) + [E(S^2)]^2 = \frac{2\sigma^4}{n-1} + \sigma^4,$$

所以，$E[(\overline{X}S^2)^2] = E(\overline{X}^2 S^4) = E(\overline{X}^2)E(S^4) = \left(\frac{\sigma^2}{n} + \mu^2\right)\left(\frac{2\sigma^4}{n-1} + \sigma^4\right).$

3. 利用抽样分布求正态总体统计量的概率

例 5.3.1　求总体 $N(20,3)$ 的容量分别为 $10,15$ 的两个相互独立的样本均值差的绝对值大于 0.3 的概率.

解　设 $\overline{X}, \overline{Y}$ 分别表示两样本的均值，则

$$\overline{X} \sim N(20,0.3), \overline{Y} \sim N(20,0.2),$$

$$\overline{X}-\overline{Y}\sim N(0,0.5),$$

于是

$$P\{|X-Y|>0.3\}=P\left\{\frac{|X-Y|}{\sqrt{0.5}}>\frac{0.3}{\sqrt{0.5}}\right\}$$

$$=2[1-\Phi(0.3\sqrt{2})]\approx0.674\ 5.$$

例 5.3.2　设 $X_1,X_2,\cdots,X_{10}$ 为总体 $X\sim N(0,0.3^2)$ 的一个样本,求 $P\left\{\sum\limits_{i=1}^{10}X_i^2>1.44\right\}$.

解　由于 $X_1,X_2,\cdots,X_{10}$ 为总体 $X\sim N(0,0.3^2)$ 的一个样本,所以

$$\frac{X_i}{0.3}\sim N(0,1),i=1,2,\cdots,10,$$

则

$$\sum_{i=1}^{10}\left(\frac{X_i}{0.3}\right)^2\sim\chi^2(10),$$

故

$$P\left\{\sum_{i=1}^{10}X_i^2>1.44\right\}=P\left\{\sum_{i=1}^{10}\left(\frac{X_i}{0.3}\right)^2>\frac{1.44}{0.3^2}\right\}$$

$$=P\{\chi^2(10)>16\}=0.1.$$

例 5.3.3　设在总体 $N(\mu,\sigma^2)$ 中抽取一容量为 16 的样本.这里 μ,σ^2 均未知,求:

$$P\left\{\frac{S^2}{\sigma^2}\leqslant2.041\right\},$$

其中 S^2 为样本方差.

解　由于 $\dfrac{(n-1)S^2}{\sigma^2}\sim\chi^2(n-1)$,因此 $\dfrac{(16-1)S^2}{\sigma^2}\sim\chi^2(16-1)$.故

$$P\left\{\frac{S^2}{\sigma^2}\leqslant2.041\right\}=P\{\chi^2(16-1)\leqslant2.041\times(16-1)\}$$

$$=P\{\chi^2(15)\leqslant30.6\}$$

$$=1-P\{\chi^2(15)\geqslant30.6\}=0.99.$$

例 5.3.4　在总体 $N(12,4)$ 中随机抽取一容量为 5 的样本 $X_1,X_2,X_3,$ X_4,X_5,求:

(1) 样本均值与总体均值之差的绝对值大于 1 的概率;

(2) 概率 $P\{\max(X_1,X_2,X_3,X_4,X_5)>15\}$;

(3) 概率 $P\{\min(X_1,X_2,X_3,X_4,X_5)<10\}$.

解　(1) 由于 $N(12,4)$,$n=5$,则 $\overline{X}\sim N\left(12,\dfrac{4}{5}\right)$,故

$$P\{|\overline{X}-12|>1\}=1-P\{11<\overline{X}<13\}$$
$$=1-P\left\{\frac{11-12}{\frac{2}{\sqrt{5}}}<\frac{\overline{X}-12}{\frac{2}{\sqrt{5}}}<\frac{13-12}{\frac{2}{\sqrt{5}}}\right\}$$
$$=1-[\Phi(1.12)-\Phi(-1.12)]$$
$$=2-2\Phi(1.12)=0.2628.$$

(2) X_1,X_2,X_3,X_4,X_5 均服从 $N(12,4)$,则

$$P\{\max(X_1,X_2,X_3,X_4,X_5)>15\}$$
$$=1-P\{\max(X_1,X_2,X_3,X_4,X_5)<15\}$$
$$=1-P\{X_1<15\}P\{X_2<15\}\cdots P\{X_5<15\}$$
$$=1-\left[\Phi\left(\frac{15-12}{2}\right)\right]^5=0.2923.$$

(3)　$P\{\min(X_1,X_2,X_3,X_4,X_5)<10\}$
$$=1-P\{\min(X_1,X_2,X_3,X_4,X_5)>10\}$$
$$=1-P\{X_1>10\}P\{X_2>10\}\cdots P\{X_5>10\}$$
$$=1-\left[1-\Phi\left(\frac{10-12}{2}\right)\right]^5=0.5785.$$

4. 求抽样分布

例 5.4.1　设 $X_1,X_2,\cdots,X_6$ 为总体 $X\sim N(0,2)$ 的一个样本,$\overline{X}$ 为样本均值.试求:

(1) $P\{\overline{X}>1\}$;

(2) 当 k_1,k_2,k_3,k 为何值时,$k_1X_1^2+k_2(X_2+X_3)^2+k_3(X_4+X_5+X_6)^2\sim\chi^2(k)$;

(3) 当 m,n 为何值时, $\dfrac{X_1^2+X_2^2+X_3^2}{X_4^2+X_5^2+X_6^2}\sim F(m,n)$.

解　(1) 用 U 分布处理.

$$P(\overline{X}>1)=1-P(\overline{X}\leqslant 1)=1-\Phi\left(\dfrac{1-0}{\dfrac{\sqrt{2}}{\sqrt{6}}}\right)$$

$$=1-\Phi(\sqrt{3})=1-0.958\,2=0.041\,8.$$

(2) $X_1\sim N(0,2)$, 则 $\dfrac{X_1^2}{2}\sim\chi^2(1)$.

$$X_2+X_3\sim N(0,4), 则 \dfrac{(X_2+X_3)^2}{4}\sim\chi^2(1).$$

同理 $\dfrac{(X_4+X_5+X_6)^2}{6}\sim\chi^2(1)$.

由样本的独立性及 χ^2 分布可加性, 有

$$\dfrac{X_1^2}{2}+\dfrac{(X_2+X_3)^2}{4}+\dfrac{(X_4+X_5+X_6)^2}{6}\sim\chi^2(3).$$

即　　　　　　$k_1=\dfrac{1}{2},k_2=\dfrac{1}{4},k_3=\dfrac{1}{6},k=3.$

(3) 显然 $\dfrac{X_1^2+X_2^2+X_3^2}{2}\sim\chi^2(3)$, $\dfrac{X_4^2+X_5^2+X_6^2}{2}\sim\chi^2(3)$, 由独立性及定

义, 有

$$F=\dfrac{\dfrac{X_1^2+X_2^2+X_3^2}{2}\times\dfrac{1}{3}}{\dfrac{X_4^2+X_5^2+X_6^2}{2}\times\dfrac{1}{3}}=\dfrac{X_1^2+X_2^2+X_3^2}{X_4^2+X_5^2+X_6^2}\sim F(3,3),$$

所以 $m=n=3$.

例 5.4.2　设 X_1,X_2,X_3,X_4 为总体 $X\sim N(0,1)$ 的一个样本, 试求统计

量 $\dfrac{X_1-X_2}{\sqrt{X_3^2+X_4^2}}$ 的分布.

解　因为 $X_1\sim N(0,1)$, $\overline{X}_1=X_1$; $X_2\sim N(0,1)$, $\overline{X}_2=X_2$, 所以,

$$\frac{X_1 - X_2}{\sqrt{2}} \sim N(0,1),$$

$$X_3^2 + X_4^2 \sim \chi^2(2),$$

且它们相互独立. 由定义有

$$t = \frac{\dfrac{X_1 - X_2}{\sqrt{2}}}{\sqrt{\dfrac{X_3^2 + X_4^2}{2}}} = \frac{X_1 - X_2}{\sqrt{X_3^2 + X_4^2}} \sim t(2).$$

§5.4　考研类型真题解析

一、填空题

例5.1　设随机变量 $X_1, X_2, \cdots, X_n$ 为来自正态总体 $N(0, \sigma^2)$ 的一个样本, 且随机变量 $Y = C\left(\sum_{i=1}^{n} X_i\right)^2 \sim \chi^2(1)$, 则常数 $C=$ _____.

解　应填 $\dfrac{1}{n\sigma^2}$.

$$\sum_{i=1}^{n} X_i \sim N(0, n\sigma^2), \frac{\sum_{i=1}^{n} X_i}{\sqrt{n}\sigma} \sim N(0,1), \text{所以}$$

$$\sqrt{C} = \frac{1}{\sqrt{n}\sigma}, C = \frac{1}{n\sigma^2}.$$

例5.2　设随机变量 X_1, X_2, X_3, X_4 为来自正态总体 $N(0, 2^2)$ 的样本, 且 $Y = a(X_1 - 2X_2)^2 + b(3X_3 - 4X_4)^2$, 则 $a=$ _____, $b=$ _____ 时, Y 服从 χ^2 分布, 自由度为 _____.

解　应填 $\dfrac{1}{20}, \dfrac{1}{100}, 2$.

因为 $E(X_1 - 2X_2) = 0, D(X_1 - 2X_2) = D(X_1) + 4D(X_2) = 20$, 所以

$$X_1 - 2X_2 \sim N(0, 20).$$

同理 $\qquad$ $3X_3 - 4X_4 \sim N(0, 100).$

于是

$$\frac{X_1 - 2X_2}{\sqrt{20}} \sim N(0, 1), \frac{3X_3 - 4X_4}{\sqrt{100}} \sim N(0, 1),$$

所以 $\qquad$ $\sqrt{a} = \frac{1}{\sqrt{20}}, a = \frac{1}{20}; \sqrt{b} = \frac{1}{\sqrt{100}}, b = \frac{1}{100}.$

Y 服从 χ^2 分布,其自由度为 2.

例 5.3 设随机变量 $X_1, X_2, \cdots, X_n$ 来自总体 $\chi^2(n)$,则 $E(\overline{X}) = \underline{\qquad}$,
$D(\overline{X}) = \underline{\qquad}.$

解 应填 $n, 2.$

因为 $X_1, X_2, \cdots, X_n$ 来自总体 $\chi^2(n)$,所以

$$E(X_i) = n, D(X_i) = 2n \quad (i = 1, 2, \cdots, n),$$

$$E(\overline{X}) = n, D(\overline{X}) = D\left(\frac{1}{n}\sum_{i=1}^n X_i\right) = \frac{1}{n^2}D\left(\sum_{i=1}^n X_i\right) = \frac{n \cdot 2n}{n^2} = 2.$$

例 5.4 设随机变量 X 和 Y 相互独立且都服从正态分布 $N(0, 3^2)$,而 $X_1, X_2, \cdots, X_9$ 和 $Y_1, Y_2, \cdots, Y_9$ 分别是来自总体 X 和 Y 的简单随机样本,则统计量 $U = \dfrac{X_1 + X_2 + \cdots + X_9}{\sqrt{Y_1^2 + Y_2^2 + \cdots + Y_9^2}}$ 服从 $\underline{\qquad}$ 分布,参数为 $\underline{\qquad}.$

解 应填 $t, 9.$

由于 $\dfrac{X_i}{3} \sim N(0, 1), \dfrac{Y_i}{3} \sim N(0, 1) \quad (i = 1, 2, \cdots, 9)$,则

$$X' = \frac{X_1}{3} + \frac{X_2}{3} + \cdots + \frac{X_9}{3} \sim N(0, 3^2),$$

$$Y' = \left(\frac{Y_1}{3}\right)^2 + \left(\frac{Y_2}{3}\right)^2 + \cdots + \left(\frac{Y_9}{3}\right)^2 \sim \chi^2(9),$$

因此

$$U = \frac{X_1 + X_2 + \cdots + X_9}{\sqrt{Y_1^2 + Y_2^2 + \cdots + Y_9^2}} = \frac{X'}{\sqrt{Y'}} = \frac{\dfrac{X'}{3}}{\sqrt{\dfrac{Y'}{9}}} \sim t(9).$$

二、选择题

例 5.5　设随机变量 $X_1, X_2, \cdots, X_n$ 为来自正态总体 $N(0, \sigma^2)$ 的样本,则样本二阶原点矩 $A_2 = \dfrac{1}{n} \sum\limits_{i=1}^{n} X_i^2$ 的方差为(　　).

(A) σ^2　　　　(B) $\dfrac{\sigma^2}{n}$　　　　(C) $\dfrac{2\sigma^4}{n}$　　　　(D) $\dfrac{\sigma^4}{n}$

解　应选(C).

因 $X_1, X_2, \cdots, X_n$ 来自正态总体 $N(0, \sigma^2)$,所以

$$\left(\frac{X_i}{\sigma}\right)^2 \sim \chi^2(1), E\left[\left(\frac{X_i}{\sigma}\right)^2\right] = 1, D\left[\left(\frac{X_i}{\sigma}\right)^2\right] = 2.$$

$$D(A_2) = \frac{D\left(\sum\limits_{i=1}^{n} X_i^2\right)}{n^2} = \frac{\sigma^4 D\left[\sum\limits_{i=1}^{n}\left(\frac{X_i}{\sigma}\right)^2\right]}{n^2} = \frac{\sigma^4 \cdot 2n}{n^2} = \frac{2\sigma^4}{n}.$$

例 5.6　设随机变量 X_1, X_2 为来自正态总体 $N(\mu, \sigma^2)$ 的样本,则 $X_1 + X_2$ 与 $X_1 - X_2$ 必(　　).

(A) 线性相关　　　　　　　(B) 不相关
(C) 相关但非线性相关　　　(D) 不独立

解　应选(B).

设 $Y_1 = X_1 + X_2, Y_2 = X_1 - X_2$,则

$$E(Y_2) = E(X_1 - X_2) = E(X_1) - E(X_2) = 0,$$
$$\text{Cov}(Y_1, Y_2) = E(Y_1 Y_2) - E(Y_1)E(Y_2) = E(X_1^2 - X_2^2)$$
$$= E(X_1^2) - E(X_2^2)\sigma^2 - \sigma^2 = 0.$$

例 5.7　设 $X \sim N(0, 2^2)$,而 $X_1, X_2, \cdots, X_{15}$ 为来自正态总体 X 的样本,则随机变量

$$Y = \frac{X_1^2 + \cdots + X_{10}^2}{2(X_{11}^2 + \cdots + X_{15}^2)}$$

所服从的分布为(　　).

(A) $\chi^2(15)$　　(B) $t(14)$　　(C) $F(10, 5)$　　(D) $F(1, 1)$

解　应选(C).

因为 $\dfrac{X_1^2+\cdots+X_{10}^2}{4}\sim\chi^2(10)$，$\dfrac{X_{11}^2+\cdots+X_{15}^2}{4}\sim\chi^2(5)$，所以

$$\dfrac{\dfrac{X_1^2+\cdots+X_{10}^2}{4}\times\dfrac{1}{10}}{\dfrac{X_{11}^2+\cdots+X_{15}^2}{4}\times\dfrac{1}{5}}\sim F(10,5),$$

即

$$Y=\dfrac{X_1^2+\cdots+X_{10}^2}{2(X_{11}^2+\cdots+X_{15}^2)}\sim F(10,5).$$

例 5.8　设随机变量 $X\sim t(n)$，$Y=\dfrac{1}{X^2}$，则(　　).

(A) $Y\sim\chi^2(n)$　　　　　　　　(B) $Y\sim\chi^2(n-1)$

(C) $Y\sim F(n,1)$　　　　　　　　(D) $Y\sim F(1,n)$

解　应选(C).

由于 $X\sim t(n)$，即可以理解为 $X=\dfrac{X_1}{\sqrt{\dfrac{X_2}{n}}}$，其中 $X_1\sim N(0,1)$，$X_2\sim$

$\chi^2(n)$，所以

$$Y=\dfrac{1}{X^2}=\dfrac{\dfrac{X_2}{n}}{X_1^2}\sim F(n,1).$$

例 5.9　设随机变量 $X\sim N(0,1)$，对给定的 $\alpha(0<\alpha<1)$，数 u_α 满足 $P\{X>u_\alpha\}=\alpha$. 若 $P\{|X|<x\}=\alpha$，则 x 等于(　　).

(A) $u_{\frac{\alpha}{2}}$　　　　(B) $u_{1-\frac{\alpha}{2}}$　　　　(C) $u_{\frac{1-\alpha}{2}}$　　　　(D) $u_{1-\alpha}$

解　应选(C).

因为 $P\{|X|<x\}=\alpha$，所以

$$1-\alpha=P\{|X|>x\}=2P\{X>x\},P\{X>x\}=\dfrac{1-\alpha}{2}.$$

已知 $P\{X>u_\alpha\}=\alpha$，所以 $x=u_{\frac{1-\alpha}{2}}$.

例 5.10　设随机变量 X 和 Y 都服从标准正态分布,则(　　).

（A）$X+Y$ 服从正态分布　　　　（B）X^2+Y^2 服从 χ^2 分布

（C）X^2 和 Y^2 都服从 χ^2 分布　　（D）$\dfrac{X^2}{Y^2}$ 服从 F 分布

解　应选（C）.

当随机变量 X 和 Y 都服从标准正态分布,且二者相互独立时,（A）,（B）,（C）,（D）四选项均成立. 当未给出 X 和 Y 相互独立这一条件,（A）,（B）,（D）均不一定成立.

例 5.11　设随机变量 $X_1, X_2, \cdots, X_n$ 是来自正态总体 $N(\mu, \sigma^2)$ 的简单随机样本,$\overline{X}$ 是样本均值,记

$$S_1^2 = \frac{1}{n-1} \sum_{i=1}^n (X_i - \overline{X})^2,\ S_2^2 = \frac{1}{n} \sum_{i=1}^n (X_i - \overline{X})^2,$$

$$S_3^2 = \frac{1}{n-1} \sum_{i=1}^n (X_i - \mu)^2,\ S_4^2 = \frac{1}{n} \sum_{i=1}^n (X_i - \mu)^2,$$

则服从自由度为 $n-1$ 的 t 分布的随机变量是（　　）.

（A）$t = \dfrac{\overline{X} - \mu}{\dfrac{S_1}{\sqrt{n-1}}}$　　　　　　（B）$t = \dfrac{\overline{X} - \mu}{\dfrac{S_2}{\sqrt{n-1}}}$

（C）$t = \dfrac{\overline{X} - \mu}{\dfrac{S_3}{\sqrt{n}}}$　　　　　　（D）$t = \dfrac{\overline{X} - \mu}{\dfrac{S_4}{\sqrt{n}}}$

解　应选（B）.

由 $\xi = \dfrac{\overline{X} - \mu}{\dfrac{\sigma}{\sqrt{n}}} \sim N(0,1)$,$\eta = \dfrac{nS_2^2}{\sigma^2} \sim \chi^2(n-1)$,且 ξ, η 相互独立,故

$$\frac{\xi}{\sqrt{\dfrac{\eta}{(n-1)}}} = \frac{\overline{X} - \mu}{\dfrac{S_2}{\sqrt{n-1}}}$$

服从自由度为 $n-1$ 的 t 分布.

例 5.12　设随机变量 $X_1, X_2, \cdots, X_n (n \geqslant 2)$ 是来自正态总体 $N(0,1)$ 的简单随机样本,$\overline{X}$ 是样本均值,S^2 为样本方差,则（　　）.

(A) $\overline{nX} \sim N(0,1)$ (B) $nS^2 \sim \chi^2(n)$

(C) $t = \dfrac{(n-1)\overline{X}}{S} \sim t(n-1)$ (D) $\dfrac{(n-1)X_1^2}{\sum\limits_{i=2}^{n} X_i^2} \sim F(1, n-1)$

解 应选(D).

根据 χ^2 分布的定义,X_1^2 服从自由度为 1 的 χ^2 分布. $\sum\limits_{i=2}^{n} X_i^2$ 服从自由度为

$n-1$ 的 χ^2 分布. 所以 $\dfrac{(n-1)X_1^2}{\sum\limits_{i=2}^{n} X_i^2} \sim F(1, n-1)$.

三、解答题

例 5.13 设总体 X 服从正态分布 $N(\mu, \sigma^2)$ $(\sigma > 0)$,从该总体中抽取简单随机样本 $X_1, X_2, \cdots, X_{2n}$ $(n \geqslant 2)$,其样本均值为 $\overline{X} = \dfrac{1}{2n} \sum\limits_{i=1}^{2n} X_i$,求统计量

$Y = \sum\limits_{i=1}^{n} (X_i + X_{n+i} - 2\overline{X})^2$ 的数学期望.

解 考虑 $(X_1 + X_{n+1}), (X_2 + X_{n+2}), \cdots, (X_n + X_{2n})$,将其视为取自正态总体 $N(2\mu, 2\sigma^2)$ 的简单随机样本,则其样本均值为

$$\frac{1}{n} \sum_{i=1}^{n} (X_i + X_{n+i}) = \frac{1}{n} \sum_{i=1}^{2n} X_i = 2\overline{X},$$

样本方差为

$$\frac{1}{n-1} \sum_{i=1}^{n} \left[(X_i + X_{n+i}) - 2\overline{X} \right]^2 = \frac{1}{n-1} Y.$$

由于 $E\left(\dfrac{1}{n-1} Y\right) = 2\sigma^2$,所以

$$E(Y) = (n-1)2\sigma^2 = 2(n-1)\sigma^2.$$

四、证明题

例 5.14 设 $X_1, X_2, \cdots, X_9$ 是来自正态总体 X 的简单随机样本,

$$Y_1 = \frac{1}{6}(X_1 + X_2 + \cdots + X_6), \quad Y_2 = \frac{1}{3}(X_7 + X_8 + X_9),$$

$$S^2 = \frac{1}{2} \sum_{i=7}^{9} (X_i - Y_2)^2, Z = \frac{\sqrt{2}(Y_1 - Y_2)}{S},$$

证明:统计量 $Z \sim t(2)$.

证 需证 $Z = \dfrac{U}{\sqrt{\dfrac{\chi^2}{2}}}$,其中 $U \sim N(0,1)$,$\chi^2 \sim \chi^2(2)$.

记 $D(X) = \sigma^2$(未知),则

$$E(Y_1) = E(Y_2), D(Y_1) = \frac{\sigma^2}{6}, D(Y_2) = \frac{\sigma^2}{3}.$$

由于 Y_1 和 Y_2 相互独立,有

$$E(Y_1 - Y_2) = 0, D(Y_1 - Y_2) = \frac{\sigma^2}{6} + \frac{\sigma^2}{3} = \frac{\sigma^2}{2},$$

从而

$$U = \frac{Y_1 - Y_2}{\dfrac{\sigma}{\sqrt{2}}} \sim N(0,1).$$

由正态总体样本方差的性质,知

$$\chi^2 = \frac{2S^2}{\sigma^2} \sim \chi^2(2).$$

由于 Y_1 和 Y_2,Y_1 与 S^2 相互独立,以及 Y_2 与 S^2 相互独立,可见 $Y_1 - Y_2$ 与 S^2 相互独立.于是,由 t 分布随机变量的定义知

$$Z = \frac{\sqrt{2}(Y_1 - Y_2)}{S} = \frac{U}{\sqrt{\dfrac{\chi^2}{2}}} \sim t(2).$$

§5.5 基础训练题

一、填空题

1. 设 $X_1, X_2, \cdots, X_n, \cdots$ 是独立同分布的随机变量序列,且均值为 μ,方差

为 σ^2,那么当 n 充分大时,近似有 $\overline{X} \sim$ _____ 或 $\sqrt{n}\dfrac{\overline{X}-\mu}{\sigma} \sim$ _____.

特别是,当同为正态分布时,对于任意的 n,都精确有 $\overline{X} \sim$ _____ 或

$\sqrt{n}\dfrac{\overline{X}-\mu}{\sigma} \sim$ _____.

2. 设 $X_1, X_2, \cdots, X_n, \cdots$ 是独立同分布的随机变量序列,且 $EX_i = \mu$,

$DX_i = \sigma^2 (i = 1, 2, \cdots)$,那么 $\dfrac{1}{n}\sum\limits_{i=1}^{n} X_i^2$ 依概率收敛于 _____.

3. 设 X_1, X_2, X_3, X_4 是来自正态总体 $N(0, 2^2)$ 的样本,令 $Y = (X_1+X_2)^2 + (X_3-X_4)^2$,则当 $C =$ _____ 时,$CY \sim \chi^2(2)$.

4. 设容量 $n=10$ 的样本的观察值为 $(8, 7, 6, 9, 8, 7, 5, 9, 6)$,则样本均值 = _____,样本方差 = _____.

5. 设 $X_1, X_2, \cdots, X_n$ 为来自正态总体 $X \sim N(\mu, \sigma^2)$ 的一个简单随机样本,则样本均值 $X = \dfrac{1}{n}\sum\limits_{i=1}^{n} X_i$ 服从 _____.

二、选择题

1. 设 $X \sim N(\mu, \sigma^2)$,其中 μ 已知,σ^2 未知,X_1, X_2, X_3 是来自总体 X 的样本,则下列选项中不是统计量是(　　).

(A) $X_1 + X_2 + X_3$　　　　　　　(B) $\max\{X_1, X_2, X_3\}$

(C) $\sum\limits_{i=1}^{3} \dfrac{X_i^2}{\sigma^2}$　　　　　　　　(D) $X_1 - \mu$

2. 设 $X \sim B(1, p)$,$X_1, X_2, \cdots, X_n$ 是来自 X 的样本,那么下列选项中不正确的是(　　).

(A) 当 n 充分大时,近似有 $\overline{X} \sim N\left(p, \dfrac{p(1-p)}{n}\right)$

(B) $P\{\overline{X}=k\} = C_n^k p^k (1-p)^{n-k}, k=0,1,2,\cdots,n$

(C) $P\left\{\overline{X}=\dfrac{k}{n}\right\} = C_n^k p^k (1-p)^{n-k}, k=0,1,2,\cdots,n$

(D) $P\{X_i=k\} = C_n^k p^k (1-p)^{n-k}, 1 \leqslant i \leqslant n$

3. 若 $X \sim t(n)$，那么 $X^2 \sim ($ 　　 $)$.

(A) $F(1,n)$ 　　　(B) $F(n,1)$ 　　　(C) $\chi^2(n)$ 　　　(D) $t(n)$

4. 设 $X_1,X_2,\cdots,X_n$ 为来自正态总体 $N(0,\sigma^2)$ 的样本，则使随机变量 $Y = a\left(\sum\limits_{i=1}^{m} X_i\right)^2 + b\left(\sum\limits_{i=m+1}^{n} X_i\right)^2$ 服从自由度为 2 的 χ^2 分布的 a,b 的值为（　　）.

(A) $a=\dfrac{1}{m\sigma^2},b=\dfrac{1}{(n-m)\sigma^2}$ 　　　(B) $a=\dfrac{1}{m},b=\dfrac{1}{n-m}$

(C) $a=m\sigma^2,b=(n-m)\sigma^2$ 　　　(D) $a=m,b=(n-m)$

5. 设 $X_1,X_2,\cdots,X_n,X_{n+1},\cdots,X_{n+m}$ 是来自正态总体 $N(0,\sigma^2)$ 的容量为 $n+m$ 的样本，则统计量 $V = \dfrac{m\sum\limits_{i=1}^{n} X_i^2}{n\sum\limits_{i=n+1}^{n+m} X_i^2}$ 服从的分布是（　　）.

(A) $F(m,n)$ 　　　　　(B) $F(n-1,m-1)$

(C) $F(n,m)$ 　　　　　(D) $F(m-1,n-1)$

三、解答题

1. 设供电网有 10 000 盏电灯，夜晚每盏电灯开灯的概率均为 0.7，并且彼此开闭与否相互独立，试用切比雪夫不等式和中心极限定理分别估算夜晚同时开灯数在 6 800 到 7 200 之间的概率.

2. 一系统是由 n 个相互独立起作用的部件组成，每个部件正常工作的概率为 0.9，且必须至少有 80% 的部件正常工作，系统才能正常工作，问 n 至少为多大时，才能使系统正常工作的概率不低于 0.95？

3. 甲乙两电影院在竞争 1 000 名观众，假设每位观众在选择时是随机的，且彼此相互独立，问甲至少应设多少个座位，才能使观众因无座位而离去的概率小于 1%.

4. 设总体 X 服从正态分布，又设 $\overline{X}$ 与 S^2 分别为样本均值和样本方差，又设 $X_{n+1} \sim N(\mu,\sigma^2)$，且 X_{n+1} 与 $X_1,X_2,\cdots,X_n$ 相互独立，求统计量 $\dfrac{X_{n+1}-\overline{X}}{S}\sqrt{\dfrac{n}{n+1}}$ 的分布.

5. 在天平上重复称量一重为 α 的物品，假设各次称量结果相互独立且同服从正态分布 $N(\alpha, 0.2^2)$，若以 $\overline{X}_n$ 表示 n 次称量结果的算术平均值，为使 $P(|\overline{X}_n - a| < 0.1) \geqslant 0.95$ 成立，问 n 的最小值应不小于的自然数？

四、证明题

设 $X_1, X_2, \cdots, X_n$ 是来自总体 X 的简单样本，

$$E(X_i) = a_i (i = 1, 2, 3, 4)$$

存在 $(a_4 - a_2^2 > 0)$，证明：当 n 充分大时，$\dfrac{1}{n} \sum X_i^2$ 近似服从正态分布.

第6章 参数估计

§6.1 本章内容综述

6.1.1 参数的点估计

1. 点估计的基本概念

一般地,设总体的分布函数 $F(x;\theta)$ 的形式已知,θ 是待估计的未知参数,$(X_1,X_2,\cdots,X_n)$ 为取自总体 X 的样本,选择一个合适的统计量 $\hat{\theta}=h(X_1,X_2,\cdots,X_n)$ 称为 θ 的估计量. 每当有了一个合适的样本值 $(x_1,x_2,\cdots,x_n)$,将样本值代入统计量 h,得到这一统计量的一个观察值 $h(x_1,x_2,\cdots,x_n)$,以此作为 θ 的估计,$\hat{\theta}=h(x_1,x_2,\cdots,x_n)$ 称为 θ 的点估计值.

要注意的是,估计量是一个随机变量,而估计值是一个数值,对于不同的样本值,估计值一般是不同的.

2. 矩估计法

矩估计就是用样本矩作为相应总体矩的估计量,而以样本矩的连续函数作为相应的总体矩的连续函数的估计量,进而求出未知参数的一种估计方法.

求矩估计的基本步骤如下:

(1) 先计算总体 X 的前 m 阶矩;

(2) 用样本矩代替总体矩得方程或方程组;

(3) 解由(2)得到的方程组,则得参数的矩估计量.

设 θ 为未知参数,$g(\theta)$ 为连续函数,可以证明,若 $\hat{\theta}$ 为 θ 的矩估计量,则 $g(\hat{\theta})$ 就为 $g(\theta)$ 的矩估计量.

研究结果表明,不论总体 X 服从什么分布,X 的均值 μ 和方差 σ^2 的矩估

计量都分别是 $\overline{X}$ 和 $\dfrac{1}{n}\sum\limits_{i=1}^{n}(X_i-\overline{X})^2$.

3. 极大似然估计法

1）极大似然估计的基本思想

在一次实验就出现的事件往往有较大的概率,而在对总体参数进行估计时,以概率达到最大的参数值作为未知参数的估计值,这就是极大似然估计方法的基本思想.

2）极大似然估计的基本方法

设总体 X 的概率分布为 $p(x,\theta_1,\theta_2,\cdots,\theta_m)$,其中 $\theta_1,\theta_2,\cdots,\theta_m$ 为未知参数.当总体 X 为离散型随机变量时,$p(x,\theta_1,\theta_2,\cdots,\theta_m)$ 表示 X 分布列 $P\{X=x\}$;当总体 X 为连续型随机变量时,$p(x,\theta_1,\theta_2,\cdots,\theta_m)$ 表示 X 的概率密度.于是总体 X 的样本 $(X_1,X_2,\cdots,X_n)$ 的联合分布为 $\prod\limits_{i=1}^{n}p(x_i,\theta_1,\theta_2,\cdots,\theta_m)$,记为 $L(\theta_1,\theta_2,\cdots,\theta_m)$,即

$$L(\theta_1,\theta_2,\cdots,\theta_m)=\prod_{i=1}^{n}p(x_i,\theta_1,\theta_2,\cdots,\theta_m),$$

称 $L(\theta_1,\theta_2,\cdots,\theta_r)$ 为似然函数.

若当 $\theta_1=\hat{\theta}_1(X_1,\cdots,X_n),\theta_2=\hat{\theta}_2(X_1,\cdots,X_n),\cdots,\theta_m=\hat{\theta}_m(X_1,\cdots,X_n)$ 时,似然函数 $L(\theta_1,\theta_2,\cdots,\theta_m)$ 取最大值,即

$$L(\hat{\theta}_1,\hat{\theta}_2,\cdots,\hat{\theta}_m)=\max_{\theta_1,\cdots,\theta_m}L(\theta_1,\theta_2,\cdots,\theta_m),$$

称 $\hat{\theta}_1,\hat{\theta}_2,\cdots,\hat{\theta}_m$ 为 $\theta_1,\theta_2,\cdots\theta_m$ 的极大似然估计量.而相应的 $\theta_1=\hat{\theta}_1(x_1,\cdots,x_n),\theta_2=\hat{\theta}_2(x_1,\cdots,x_n),\cdots,\theta_m=\hat{\theta}_m(x_1,\cdots,x_n)$ 称为 $\theta_1,\theta_2,\cdots,\theta_m$ 的极大似然估计值.

求极大似然估计的基本步骤如下:

（1）建立似然函数 $L(\theta_1,\theta_2,\cdots,\theta_m)$;

（2）对 $L(\theta_1,\theta_2,\cdots,\theta_m)$ 取对数得 $\ln L(\theta_1,\theta_2,\cdots,\theta_m)$;

（3）解方程组:$\dfrac{\partial \ln L(\theta_1,\theta_2,\cdots,\theta_m)}{\partial \theta_i}=0,i=1,2,\cdots,m.$ 求出 $\theta_1,\theta_2,\cdots,\theta_m$

即为极大似然估计值,记为 $\hat{\theta}_1, \hat{\theta}_2, \cdots, \hat{\theta}_m$.

设 θ 为未知参数,$g(\theta)$ 为连续函数,且 $g(\theta)$ 有单值反函数,可以证明,若 $\hat{\theta}$ 为 θ 的极大似然估计量,则 $g(\hat{\theta})$ 就为 $g(\theta)$ 的极大似然估计量.

6.1.2 估计量的评价标准

1. 无偏性

设未知参数 θ 的估计量 $\hat{\theta}=\hat{\theta}(X_1, X_2 \cdots, X_n)$ 的数学期望 $E(\hat{\theta})$ 存在,若对任何可能的参数值都有 $E[\hat{\theta}(X_1, X_2, \cdots, X_n)]=\theta$,则称 $\hat{\theta}$ 是未知参数 θ 的无偏估计量.若 $\hat{\theta}$ 是未知参数 θ 的无偏估计量,则称用 $\hat{\theta}$ 估计 θ 时无系统误差.

2. 有效性

设 $\hat{\theta}_1=\hat{\theta}_1(X_1, X_2 \cdots, X_n)$ 和 $\hat{\theta}_2=\hat{\theta}_2(X_1, X_2 \cdots, X_n)$ 都是 θ 的无偏估计量,若对任意的 θ,都有 $D(\hat{\theta}_1) \leqslant D(\hat{\theta}_2)$,并且至少存在某个 θ_0,使得上式的严格不等号成立,则称 $\hat{\theta}_1$ 比 $\hat{\theta}_2$ 有效.

3. 一致性

设 $\theta_n=\hat{\theta}_n(X_1, X_2 \cdots, X_n)$ 是参数 θ 的估计量,若当 $n \to \infty$ 时,$\hat{\theta}_n$ 依概率收敛于 θ. 即对任意的 $\varepsilon>0$,有 $\lim\limits_{n \to \infty} P\{|\hat{\theta}_n-\theta|<\varepsilon\}=1$,则称 $\hat{\theta}_n$ 是 θ 的一致估计量.

6.1.3 参数的区间估计

1. 基本概念与基本方法

1) 置信区间与置信水平

设 $(X_1, X_2, \cdots, X_n)$ 是来自总体 X 的样本,总体 X 分布中含有未知参数 $\theta,\theta \in \Theta$(Θ 是 θ 可能取值的范围),$\hat{\theta}_1=\hat{\theta}_1(X_1, X_2, \cdots, X_n)$ 和 $\hat{\theta}_2=\hat{\theta}_2(X_1, X_2, \cdots, X_n)$ 为两个统计量($\hat{\theta}_1<\hat{\theta}_2$),如果对于给定的实数 $\alpha(0<\alpha<1)$,对于任意 $\theta \in \Theta$ 满足

$$P\{\hat{\theta}_1<\theta<\hat{\theta}_2\}=1-\alpha,$$

则称随机区间 $(\hat{\theta}_1, \hat{\theta}_2)$ 为 θ 的置信水平为 $1-\alpha$ 的置信区间,$\hat{\theta}_1$ 和 $\hat{\theta}_2$ 分别称为置信下限和置信上限.置信水平 $1-\alpha$ 也称为置信度.

2) 置信区间的求法

求未知参数 θ 的置信区间的一般方法:

(1) 选取 θ 的一个较优的点估计 $\hat{\theta}$;

(2) 围绕 $\hat{\theta}$ 构造一个依赖于样本与 θ 的函数 $T=T(X_1,X_2,\cdots,X_n,\theta)$($T$ 是随机变量),它只含待估参数 θ,而不含其他未知参数,并且 T 的分布已知且与 θ 无关;

(3) 对给定的置信水平 $1-\alpha$,由 T 的分布找出两个数值 t_1,t_2,使得 $P\{t_1<T<t_2\}=1-\alpha$;

(4) 利用不等式变形导出套住 θ 的置信区间 $(\hat{\theta}_1,\hat{\theta}_2)$. 则 $(\hat{\theta}_1,\hat{\theta}_2)$ 为 θ 的置信度为 $1-\alpha$ 的置信区间.

2. 正态总体数学期望的置信区间

1) 单个正态总体数学期望的置信区间

(1) σ^2 已知,求 μ 的置信区间

取仅含有待估参数 μ 的随机变量 $U=\dfrac{\overline{X}-\mu}{\frac{\sigma}{\sqrt{n}}}$,$U\sim N(0,1)$,于是对给定的

置信度 $1-\alpha$,μ 的置信度为 $1-\alpha$ 的置信区间为:$\left(\overline{X}-\dfrac{\sigma}{\sqrt{n}}U_{\frac{\alpha}{2}},\overline{X}+\dfrac{\sigma}{\sqrt{n}}U_{\frac{\alpha}{2}}\right)$.

(2) σ^2 未知,求 μ 的置信区间

由于 σ^2 未知,取仅含一个未知参数 μ 的随机变量 $T=\dfrac{\overline{X}-\mu}{\frac{S}{\sqrt{n}}}$,$T\sim t(n-1)$,

于是,μ 的置信度为 $1-\alpha$ 的置信区间为:$\left(\overline{X}-\dfrac{S}{\sqrt{n}}t_{\frac{\alpha}{2}}(n-1),\overline{X}+\dfrac{S}{\sqrt{n}}t_{\frac{\alpha}{2}}(n-1)\right)$.

2) 两个正态总体数学期望差的置信区间

(1) 若 σ_1^2,σ_2^2 已知,求 $\mu_1-\mu_2$ 的置信区间

$\mu_1-\mu_2$ 的置信度为 $1-\alpha$ 的置信区间为:

$$\left(\overline{X}-\overline{Y}-\sqrt{\frac{\sigma_1^2}{n_1}+\frac{\sigma_2^2}{n_2}}\cdot U_{\frac{\alpha}{2}},\overline{X}-\overline{Y}+\sqrt{\frac{\sigma_2^2}{n_1}+\frac{\sigma_2^2}{n_2}}\cdot U_{\frac{\alpha}{2}}\right).$$

（2）若 $\sigma_1^2 = \sigma_2^2$ 且未知，求 $\mu_1 - \mu_2$ 的置信区间

$\mu_1 - \mu_2$ 的置信度为 $1-\alpha$ 的置信区间为：

$$\left(\overline{X} - \overline{Y} - S_w \sqrt{\frac{1}{n_1} + \frac{1}{n_2}} \cdot t_{\frac{\alpha}{2}}(n_1 + n_2 - 2), \overline{X} - \overline{Y} + S_w \sqrt{\frac{1}{n_1} + \frac{1}{n_2}} \cdot t_{\frac{\alpha}{2}}(n_1 + n_2 - 2) \right),$$

其中 $S_w = \sqrt{\dfrac{(n_1-1)S_1^2 + (n_2-1)S_2^2}{n_1 + n_2 - 2}}$.

3. 正态总体方差的置信区间

1）单个正态总体方差的置信区间

（1）μ 未知，求 σ^2 的置信区间

σ^2 的置信度为 $1-\alpha$ 的置信区间为：

$$\left(\frac{(n-1)S^2}{\chi_{\frac{\alpha}{2}}^2(n-1)}, \frac{(n-1)S^2}{\chi_{1-\frac{\alpha}{2}}^2(n-1)} \right).$$

相应地，σ 的置信度为 $1-\alpha$ 的置信区间为：

$$\left(\sqrt{\frac{n-1}{\chi_{\frac{\alpha}{2}}^2(n-1)}} S, \sqrt{\frac{n-1}{\chi_{1-\frac{\alpha}{2}}^2(n-1)}} S \right).$$

（2）μ 已知，求 σ^2 的置信区间

σ^2 的置信度为 $1-\alpha$ 的置信区间为：

$$\left(\frac{\sum\limits_{k=1}^{n}(X_k - \mu)^2}{\chi_{\frac{\alpha}{2}}^2(n)}, \frac{\sum\limits_{k=1}^{n}(X_k - \mu)^2}{\chi_{1-\frac{\alpha}{2}}^2(n)} \right).$$

2）两个正态总体方差比的置信区间

两个总体方差比 $\dfrac{\sigma_1^2}{\sigma_2^2}$ 的置信区间为：

$$\left(\frac{\dfrac{S_1^2}{S_2^2}}{F_{\frac{\alpha}{2}}(n_1-1, n_2-1)}, \frac{\dfrac{S_1^2}{S_2^2}}{F_{1-\frac{\alpha}{2}}(n_1-1, n_2-1)} \right).$$

4. 单侧置信区间

设总体 X 含有未知参数 θ，对于给定的数 $\alpha(0<\alpha<1)$，若由样本 $X_1, X_2, \cdots,$

X_n 可确定一个统计量 $\hat{\theta}_1 = \hat{\theta}_1(X_1, X_2 \cdots, X_n)$，使得 $P\{\hat{\theta}_1 < \theta\} = 1 - \alpha$，则称 $(\hat{\theta}_1, +\infty)$ 为参数 θ 的置信度为 $1 - \alpha$ 的单侧置信区间，$\hat{\theta}_1$ 称为置信度为 $1 - \alpha$ 的单侧置信下限.

若存在 $\hat{\theta}_2 = \hat{\theta}_2(X_1, X_2 \cdots, X_n)$，使得 $P\{\theta < \hat{\theta}_2\} = 1 - \alpha$，则称 $(-\infty, \hat{\theta}_2)$ 为参数 θ 的置信度为 $1 - \alpha$ 的单侧置信区间，$\hat{\theta}_2$ 称为置信度为 $1 - \alpha$ 的单侧置信上限.

§6.2　易错概念问题解析

1. 怎样理解点估计？

答　设总体 X 的分布函数 $F(x; \theta)$ 的形式已知，θ 是待估计的未知参数，$(X_1, X_2, \cdots, X_n)$ 为取自总体 X 的一个样本，$(x_1, x_2, \cdots, x_n)$ 是相应的一组样本值，点估计是要构造一个统计量 $\hat{\theta} = h(X_1, X_2, \cdots, X_n)$ 作为 θ 的估计量. 其观察值 $\hat{\theta} = h(x_1, x_2, \cdots, x_n)$ 作为 θ 的估计值. 估计量和估计值统称为估计，都记为 $\hat{\theta}$.

若待估参数为多个时，若总体 X 的分布函数 $F(x; \theta_1, \theta_2, \cdots, \theta_k)$ 的形式已知，$\theta_1, \theta_2, \cdots, \theta_k$ 是待估参数，$X_1, X_2, \cdots, X_n$ 为取自总体 X 的一个样本，$x_1, x_2, \cdots, x_n$ 是相应的一组样本值，同样要构造统计量

$\hat{\theta}_1 = h_1(X_1, X_2, \cdots, X_n)$，$\hat{\theta}_2 = h_2(X_1, X_2, \cdots, X_n)$，$\cdots$，$\hat{\theta}_k = h_k(X_1, X_2, \cdots, X_n)$，用这些统计量的观察值 $\hat{\theta}_1 = h_1(x_1, x_2, \cdots, x_n)$，$\hat{\theta}_2 = h_2(x_1, x_2, \cdots, x_n)$，$\cdots$，$\hat{\theta}_k = h_k(x_1, x_2, \cdots, x_n)$ 来估计参数 $\theta_1, \theta_2, \cdots, \theta_k$.

点估计问题的实质是借助于总体的一个样本来估计总体所有未知参数的值的问题. 需要注意的是，不同的样本值，未知参数的估计值往往不同.

2. 矩估计法的基本思想是什么？矩估计量是否唯一？

答　当样本容量 $n \to \infty$ 时，经验分布函数 $F_n^*(x)$ 均匀收敛于总体分布函数 $F(x)$. 所以在大样本下，可以用 $F_n^*(x)$ 代替 $F(x)$ 研究统计推断问题.

由于总体的原点矩 $\mu_k = \int_{-\infty}^{+\infty} x^k \mathrm{d}F(x)$，当 $F(x)$ 由 $F_n^*(x)$ 代替时，得到的

总体原点矩的估计 $\hat{\mu}_k = \int_{-\infty}^{+\infty} x^k \mathrm{d}F_n^*(x) = \dfrac{1}{n} \sum_{i=1}^{n} X_i^k$，恰好就是样本的同阶原点

矩. 因此，用样本原点矩代替总体原点矩是可行的，这是矩估计法的基本思想.

但在一般情况下，矩估计不是唯一的. 如 $X \sim \pi(\lambda)$，λ 是未知参数，可以用 $E(X) = \lambda$，即样本一阶原点矩代替总体原点矩；也可以用 $D(X) = \lambda$，即样本二阶中心矩代替总体二阶中心矩. 顺便指出，矩法也可以用样本中心矩代替总体相应中心矩而求得未知参数的.

3. 什么是极大似然估计？其基本思想是什么？

答　极大似然估计是利用总体 X 的概率密度或概率分布函数及样本所提供的信息所建立的求未知参数估计量的一种方法. 它建立在这样一种直观想法的基础上：假定一个随机试验 E 有若干个可能结果 $A_1, A_2, \cdots, A_n$，如果只进行了一次试验，而结果 A_i 出现了，那么我们有理由认为试验的条件对"结果 A_i 出现"有利，即试验中"出现 A_i"的概率最大.

因此，极大似然估计法的基本思想是，根据从总体 X 得到的样本 $X_1, X_2, \cdots, X_n$，取得联合分布律 $\prod_{i=1}^{n} P(x_i; \theta)$ 或联合概率密度 $\prod_{i=1}^{n} f(x_i; \theta)$，构造样本似然函数 $L(\theta)$. 然后适当选取 $\hat{\theta}$，使 $L(\theta)$ 的值达到最大，也就是使试验得出结果 $X_1 = x_1, X_2 = x_2, \cdots, X_n = x_n$ 的概率为最大.

4. 利用微分法求极大似然估计有哪些步骤？在一般情况下，为什么要先对似然函数取对数？

答　求极大似然估计的步骤为

（1）写出似然函数

$L(\theta; x_1, x_2, \cdots, x_n)$ 或 $L(\theta_1, \theta_2, \cdots, \theta_m; x_1, x_2, \cdots, x_n)$.

（2）取对数

$\ln L(\theta; x_1, x_2, \cdots, x_n)$ 或 $\ln L(\theta_1, \theta_2, \cdots, \theta_m; x_1, x_2, \cdots, x_n)$.

（3）求导数,建立对数似然方程

$$\frac{\mathrm{d}\ln L}{\mathrm{d}\theta}=0 \text{ 或求偏导数} \frac{\partial \ln L}{\partial \theta_i}=0, i=1,2,\cdots,m.$$

（4）解对数似然方程或方程组

由于似然函数 $L(\theta)$ 通常是一些含 θ 函数的连乘积形式,直接求导一般比较困难. 如果先取对数,可以化积为和,使求导更为简便,同时又不影响结果. 这是因为 $\ln L$ 是 L 的单调增函数, $\ln L$ 与 L 有相同极值点,所以由似然方程和对数似然方程得到的最大点也是相同的.

5. 对于未知参数的估计量为什么希望它具有无偏性和有效性?

答　无偏性是指对估计量 $\hat{\theta}$,有 $E(\hat{\theta})=\theta, \theta\in\Theta$,即希望系统偏差不存在. 这时,用大量重复估计结果的算术平均值代替待估未知参数的真值才是可信的.

由于无偏估计不是唯一的,在众多无偏估计中选择哪一个呢? 衡量优劣的标准也有许多个,如使 $E|T-\theta|$ 最小,或使 $E(T-\theta)^2$ 最小等等. 而使 $D(\hat{\theta})$ 为最小,无疑是最为简便的. 事实上,若 $\hat{\theta}$ 为 θ 的估计,则其均方误差为

$$E(\hat{\theta}-\theta)^2 = E[\hat{\theta}-E(\hat{\theta})+E(\hat{\theta})-\theta]^2$$
$$= D(\hat{\theta})+[E(\hat{\theta}-\theta)]^2.$$

显然, $D(\hat{\theta})$ 最小时,均方误差为最小. 所以选 $D(\hat{\theta})$ 小的无偏估计量为有效估计量.

6. 样本方差 S^2 与样本二阶中心矩 $\hat{\mu}_2$ 去估计 σ^2 有何异同?

答　仅考虑无偏性时,用样本方差 S^2 去估计 σ^2 比样本二阶中心矩 $\hat{\mu}_2$ 估计 σ^2 更好. 因为 $ES^2=\sigma^2$, S^2 是 σ^2 的无偏估计;而 $E(\hat{\mu}_2)=\frac{n-1}{n}\sigma^2, n\to\infty$ 时, $\hat{\mu}_2$ 是 σ^2 的渐近无偏估计. 考虑一致性时,样本方差 S^2 和样本二阶中心矩 $\hat{\mu}_2$ 都是 σ^2 的一致估计. 然而仅考虑估计方差的大小,当总体 $X\sim N(\mu,\sigma^2)$ 时, $\hat{\mu}_2$ 去估计 σ^2 又比 S^2 估计 σ^2 更好. 因为

$$D(\hat{\mu}_2)=D\left(\frac{\sigma^2}{n}\cdot\frac{n\hat{\mu}_2}{\sigma^2}\right)=\frac{2(n-1)\sigma^4}{n^2}$$

$$\leqslant D(S^2)=D\left(\frac{\sigma^2}{n-1}\cdot\frac{(n-1)S^2}{\sigma^2}\right)=\frac{2(n-1)\sigma^4}{(n-1)^2}.$$

7. 无偏估计是不是一致估计?

答　无偏估计和一致估计没有一定的关系,即估计量具有无偏性未必具有一致性,反之亦然.

例如,$X \sim U[0, \theta]$,即

$$f(x) = \begin{cases} \dfrac{1}{\theta} & 0 < x \leqslant \theta, \\ 0 & \text{其他} \end{cases},$$

$X_1, \cdots, X_n$ 为抽取的简单随机样本.

$$\hat{\theta}_1 = \frac{n+1}{n} \max(X_1 \cdots X_n), \hat{\theta}_2 = 2X_1$$

都是 θ 的无偏估计.

因为 $E\left(\max_{1 \leqslant i \leqslant n}(X_i)\right) = \dfrac{n}{n+1}\theta, D\left(\max_{1 \leqslant i \leqslant n}(X_i)\right) = \dfrac{n\theta^2}{(n+2)(n+1)^2}$,由切比雪夫不等式有

$$P\{|\hat{\theta}_1 - \theta| \geqslant \varepsilon\} \leqslant \frac{D(\hat{\theta}_1)}{\varepsilon^2},$$

则

$$P\left\{\left|\frac{n+1}{n}\max_{1 \leqslant i \leqslant n}(X_i) - \theta\right| \geqslant \varepsilon\right\} \leqslant \frac{D\left(\dfrac{n+1}{n} \cdot \max_{1 \leqslant i \leqslant n}(X_i)\right)}{\varepsilon^2}$$

$$= \frac{(n+1)^2}{n^2} \cdot \frac{n\theta^2}{\varepsilon^2(n+2)(n+1)^2}$$

$$= \frac{\theta^2}{\varepsilon^2 n(n+2)} \to 0.$$

故当 $n \to \infty$ 时,$\hat{\theta}_1 \xrightarrow{P} \theta$. 然而

$$P\{|\hat{\theta}_2 - \theta| \geqslant \varepsilon\} = P\{|2X_1 - \theta| \geqslant \varepsilon\}$$

$$= \int_{|2-\theta| \geqslant \varepsilon} \frac{1}{\theta}\mathrm{d}t = \frac{1}{\theta}\left(\int_{\frac{1}{2}(\theta+\varepsilon)}^{\theta} \mathrm{d}t + \int_0^{\frac{1}{2}(\theta-\varepsilon)} \mathrm{d}t\right)$$

$$= \frac{1}{\theta}(\theta - \varepsilon) \nrightarrow 0 \quad (n \to \infty),$$

所以 $\hat{\theta}_1$ 为无偏一致估计,$\hat{\theta}_2$ 为无偏不一致估计,$\hat{\theta}_3 = \max\limits_{1\leqslant i\leqslant n}(X_i)$ 是一致估计但不是无偏估计. $E(\hat{\theta}_3) = \dfrac{n}{n+1}\theta$,因为

$$P\{|\hat{\theta}_3 - \theta| \geqslant \varepsilon\} = P\left\{ \left| \max_{1\leqslant i\leqslant n}(X_i) - \theta \right| \geqslant \varepsilon \right\} \leqslant \frac{E(\hat{\theta}_3^2 - \theta)^2}{\varepsilon^2}.$$

8. 任意总体之间均值与方差的矩估计量是否相同?

答 设任意总体 X 的均值 μ 及方差 σ^2 都存在,且 $\sigma^2 > 0$,但 μ,σ^2 均未知. 又设 $X_1, X_2, \cdots, X_n$ 是一个样本,μ,σ^2 的矩估计量是否相同?

由于

$$\begin{cases} \nu_1 = E(X) = \mu \\ \nu_2 = E(X^2) = D(X) + [E(X)]^2 = \sigma^2 + \mu^2 \end{cases},$$

令 $\begin{cases} \nu_1 = \hat{\nu}_1 \\ \nu_2 = \hat{\nu}_2 \end{cases}$,即 $\begin{cases} \mu = \hat{\nu}_1 \\ \sigma^2 + \mu^2 = \hat{\nu}_2 \end{cases}$,解得 μ,σ^2 的矩估计量分别为

$$\hat{\mu} = \hat{\nu}_1 = \overline{X},$$

$$\hat{\sigma}^2 = \hat{\nu}_2 - \hat{\nu}_1^2 = \frac{1}{n}\sum_{i=1}^{n} X_i^2 - \overline{X}^2 = \frac{1}{n}\sum_{i=1}^{n}(X_i - \overline{X})^2.$$

所得结果表明,总体均值与方差的矩估计量的表达式不因总体的分布不同而不同.

9. 什么是区间估计? 有了点估计为什么还要引入区间估计?

答 点估计是利用样本值求得的参数 θ 的一个近似值,对了解参数 θ 的大小有一定参考价值,但没有给出近似值的精确程度和可信程度,因此在实用中意义不大. 而区间估计是通过两个(或一个)统计量 $\underline{\theta}$ 和 $\overline{\theta}(\underline{\theta} < \overline{\theta})$,构成随机区间 $(\underline{\theta}, \overline{\theta})$,使此区间包含未知参数 θ 的概率不小于事先设定的常数 $1-\alpha(0 < \alpha < 1)$. $1-\alpha$ 值越大,则 $(\underline{\theta}, \overline{\theta})$ 包含 θ 真值的概率越大,即由样本值得到的区间 $(\underline{\theta}, \overline{\theta})$ 覆盖未知参数 θ 的可信程度越大. 而 $(\underline{\theta}, \overline{\theta})$ 的长度越小,又反映估计 θ 的精确程度越高. 所以区间估计不仅是提供了 θ 的一个估计范围,还给出了估计范围的精度与可信程度,弥补了点估计的不足,有广泛的实用意义.

10. **怎样理解置信度 $1-\alpha$ 的意义?**

答　置信度 $1-\alpha$ 有两种方式的理解.

对于一个置信区间 $(\underline{\theta},\overline{\theta})$ 而言, $1-\alpha$ 表示随机区间 $(\underline{\theta},\overline{\theta})$ 中包含未知参数的概率不小于事先设定的数值 $1-\alpha$.

对于区间估计的设计而言, $1-\alpha$ 表示在样本容量不变的情况下,反复抽样得到的全部区间中,包含 θ 真值的区间不少于 $100(1-\alpha)\%$.

11. **区间估计的一般步骤是怎样的?**

答　区间估计的一般步骤是:

(1) 设法构造一个含有未知参数 θ 的随机变量 $T(X_1,X_2,\cdots,X_n;\theta)$, 其中不含其他未知参数,且 T 的分布为已知;

(2) 对设定的置信度 $1-\alpha$, 确定 a,b, 使 $P\{a<T(X_1,X_2,\cdots,X_n;\theta)<b\}=1-\alpha$;

(3) 求出与 $a<T(X_1,X_2,\cdots,X_n;\theta)<b$ 等价的不等式 $\underline{\theta}<\theta<\overline{\theta}$, 则 $(\underline{\theta},\overline{\theta})$ 为 θ 的一个置信度为 $1-\alpha$ 的双侧置信区间,而 $\underline{\theta}$ 与 $\overline{\theta}$ 是样本的函数.

12. **怎样处理区间估计中精度与可靠性之间的矛盾?**

答　区间估计量 $(\underline{\theta},\overline{\theta})$ 的长度称为精度, $1-\alpha$ 称为 $(\underline{\theta},\overline{\theta})$ 的可靠程度. 我们希望长度越短越好,精确程度就越高; $1-\alpha$ 越大越好,可靠程度就越大. 但在样本容量固定时,两者不能兼顾. 因此,奈曼(Neyman)指出的原则是,先照顾可靠程度,在满足可靠性 $P\{\underline{\theta}<\theta<\overline{\theta}\}=1-\alpha$ 时,再提高精度;否则,只有增加样本容量,才能解决.

§6.3　典型问题解析

1. 矩估计量(值)的求法

例 6.1.1　已知总体 X 的分布列为:

X	1	2	3
P	θ^2	$2\theta(1-\theta)$	$(1-\theta)^2$

其中 $\theta(0<\theta<1)$ 为未知参数.对于样本值 $1,2,1$,试求 θ 的矩估计值.

解 $E(X)=1\times\theta^2+2\times2\theta(1-\theta)+3\times(1-\theta)^2=3-2\theta=\overline{X}$,得 $\hat{\theta}=\dfrac{3-\overline{X}}{2}$

为 θ 的矩估计量.又 $\overline{x}=\dfrac{4}{3}$,则 θ 的矩估计值为 $\hat{\theta}=\dfrac{3-\overline{x}}{2}=\dfrac{5}{6}$.

例 6.1.2 设总体 X 的概率密度为 $f(x;\theta)=\dfrac{1}{2\theta}\mathrm{e}^{-\frac{|x|}{\theta}}$,$x\in(-\infty,+\infty)$,

$\theta>0$,求 θ 的矩估计量 $\hat{\theta}$.

解 $E(X)=\displaystyle\int_{-\infty}^{+\infty}x\dfrac{1}{2\theta}\mathrm{e}^{-\frac{|x|}{\theta}}\mathrm{d}x=0$,不含 θ,不能解出 θ,因此需求总体的二

阶原点矩:

$$E(X^2)=\int_{-\infty}^{+\infty}x^2\,\frac{1}{2\theta}\mathrm{e}^{-\frac{|x|}{\theta}}\mathrm{d}x=\frac{2}{2\theta}\int_0^{+\infty}x^2\,\mathrm{e}^{-\frac{x}{\theta}}\mathrm{d}x$$

$$=\theta^2\int_0^{+\infty}\left(\frac{x}{\theta}\right)^2\mathrm{e}^{-\frac{x}{\theta}}\mathrm{d}\left(\frac{x}{\theta}\right)=2\theta^2.$$

用样本的二阶原点矩 $\dfrac{1}{n}\displaystyle\sum_{i=1}^{n}X_i^2$ 替换 $E(X^2)$,即得 θ 的矩估计量为

$$\hat{\theta}=\sqrt{\frac{1}{2n}\sum_{i=1}^{n}X_i^2}.$$

例 6.1.3 已知总体 $X\sim U[a,b]$,求未知参数 a,b 的矩估计量.

解 由 $X\sim U[a,b]$,$D(X)=E(X^2)-[E(X)]^2$,得

$$\begin{cases}\dfrac{a+b}{2}=\overline{X}\\[3mm]\dfrac{(b-a)^2}{12}=\dfrac{1}{n}\displaystyle\sum_{k=1}^{n}(X_k-\overline{X})^2=b_2\end{cases},$$

整理得

$$\begin{cases}a+b=2\overline{X}\\ b-a=2\sqrt{3b_2}\end{cases},$$

解得

$$\begin{cases}\hat{a}=\overline{X}-\sqrt{3b_2}=\overline{X}-\sqrt{\dfrac{3(n-1)}{n}}S\\[3mm]\hat{b}=\overline{X}+\sqrt{3b_2}=\overline{X}+\sqrt{\dfrac{3(n-1)}{n}}S\end{cases}$$

为 a,b 的矩估计量.

2. 极大似然估计量(值)的求法

例 6.2.1　已知总体 X 的分布列为:

X	1	2	3
P	θ^2	$2\theta(1-\theta)$	$(1-\theta)^2$

其中 $\theta(0<\theta<1)$ 为未知参数. 对于样本值 $1,2,1$, 试求 θ 的极大似然估计值.

解　似然函数为 $L(\theta)=\prod\limits_{k=1}^{3}p(x_k;\theta)=\theta^2\times2\theta(1-\theta)\times\theta^2=2\theta^5(1-\theta).$

$$\ln L(\theta)=\ln2+5\ln\theta+\ln(1-\theta),$$

令

$$\frac{\mathrm{d}\ln L(\theta)}{\mathrm{d}\theta}=\frac{5}{\theta}-\frac{1}{1-\theta}=0,$$

解得 $\hat{\theta}=\dfrac{5}{6}.$

即 θ 的极大似然估计值为 $\hat{\theta}=\dfrac{5}{6}.$

例 6.2.2　已知总体 $X\sim N(\mu,\sigma^2)$, 求未知参数 μ,σ^2 的极大似然估计值.

解　似然函数为

$$L(\mu,\sigma^2)=\prod_{k=1}^{n}p(x_k;\mu,\sigma^2)$$

$$=\prod_{k=1}^{n}\frac{1}{\sqrt{2\pi}\sigma}\mathrm{e}^{-\frac{(x_k-\mu)^2}{2\sigma^2}}=(2\pi)^{-\frac{n}{2}}(\sigma^2)^{-\frac{n}{2}}\mathrm{e}^{-\sum\limits_{k=1}^{n}\frac{(x_k-\mu)^2}{2\sigma^2}}.$$

$$\ln L(\mu,\sigma^2)=-\frac{n}{2}\ln(2\pi)-\frac{n}{2}\ln\sigma^2-\sum_{k=1}^{n}\frac{(x_k-\mu)^2}{2\sigma^2}.$$

求偏导数(将 σ^2 视为一个变量), 得似然方程

$$\begin{cases}\dfrac{\partial\ln L(\mu,\sigma^2)}{\partial\mu}=\dfrac{1}{\sigma^2}\sum\limits_{k=1}^{n}(x_k-\mu)=0\\[3mm]\dfrac{\partial\ln L(\mu,\sigma^2)}{\partial\sigma^2}=-\dfrac{n}{2\sigma^2}+\dfrac{1}{2\sigma^4}\sum\limits_{k=1}^{n}(x_k-\mu)^2=0\end{cases},$$

解得
$$\begin{cases} \hat{\mu} = \overline{x} \\ \hat{\sigma}^2 = \dfrac{1}{n} \sum_{k=1}^{n} (x_k - \mu)^2 = \dfrac{1}{n} \sum_{k=1}^{n} (x_k - \overline{x})^2 \end{cases}$$

为 μ, σ^2 的极大似然估计值.

例 6.2.3　已知总体 $X \sim U[a, b]$,求未知参数 a, b 的极大似然估计量.

解　似然函数为　$L(a, b) = \prod_{k=1}^{n} f(x_k; a, b) = \dfrac{1}{(b-a)^n}$.

考虑到样本值 $x_1, x_2, \cdots, x_n$ 必须满足 $a \leqslant x_1, x_2, \cdots, x_n \leqslant b$,因此

$$L(a, b) 最大 \Leftrightarrow b - a\ 最大 \Leftrightarrow \begin{cases} a = \min(x_1, x_2, \cdots, x_n) \\ b = \max(x_1, x_2, \cdots, x_n) \end{cases}.$$

所以 $\hat{a} = \min(X_1, X_2, \cdots, X_n), \hat{b} = \max(X_1, X_2, \cdots, X_n)$ 分别是 a, b 的极大似然估计量.

3. 验证估计量的无偏性

例 6.3.1　设总体 X 的数学期望 μ 与方差 σ^2 存在,$X_1, X_2, \cdots, X_n$ 为总体 X 的一个样本,证明:

(1) $Y = \sum_{i=1}^{n} C_i X_i$ 是 μ 的无偏估计量,其中 $\sum_{i=1}^{n} C_i = 1, C_i > 0$;

(2) $B_2 = \dfrac{1}{n} \sum_{i=1}^{n} (X_i - \overline{X})^2$ 不是 σ^2 的无偏估计量.

证　(1) 因为 $E(Y) = \sum_{i=1}^{n} C_i E(X_i) = \sum_{i=1}^{n} C_i \mu = \mu \sum_{i=1}^{n} C_i = \mu$,所以,$Y = \sum_{i=1}^{n} C_i X_i$ 是 μ 的无偏估计量.

(2) 因为 $B_2 = \dfrac{1}{n} \sum_{i=1}^{n} (X_i - \overline{X})^2 = \dfrac{n-1}{n} \left[\dfrac{1}{n-1} \sum_{i=1}^{n} (X_i - \overline{X})^2 \right] = \dfrac{n-1}{n} S^2$,故

$$E(B_2) = E\left(\dfrac{n-1}{n} S^2 \right) = \dfrac{n-1}{n} E(S^2) = \dfrac{n-1}{n} \sigma^2 \neq \sigma^2,$$

所以，$B_2 = \dfrac{1}{n} \sum\limits_{i=1}^{n} (X_i - \overline{X})^2$ 不是 σ^2 的无偏估计量.

例 6.3.2　设 $X_1, X_2, \cdots, X_n$ 为总体 X 的一个样本，且总体方差 $D(X)$ 存在. 试确定常数 c，使得 $c \sum\limits_{i=1}^{n-1} (X_{i+1} - X_i)^2$ 为 $D(X)$ 的无偏估计.

解　$E\left[c \sum\limits_{i=1}^{n-1} (X_{i+1} - X_i)^2 \right] = c \sum\limits_{i=1}^{n-1} E(X_{i+1}^2 - 2X_{i+1}X_i + X_i^2)$

$$= c \sum_{i=1}^{n-1} \left[E(X_{i+1}^2) - 2E(X_{i+1})E(X_i) + E(X_i^2) \right]$$

$$= c \sum_{i=1}^{n-1} \left[E(X^2) - 2E(X)E(X) + E(X^2) \right]$$

$$= 2c(n-1) \left[E(X^2) - E^2(X) \right] = 2c(n-1)D(X),$$

因为 $c \sum\limits_{i=1}^{n-1} (X_{i+1} - X_i)^2$ 为 $D(X)$ 的无偏估计，所以 $2c(n-1)D(X) = D(X)$，所以 $c = \dfrac{1}{2(n-1)}$.

例 6.3.3　设 $\hat{\theta}$ 是参数 θ 的无偏估计，且有 $D(\hat{\theta}) > 0$，试证：$\hat{\theta}^2 = (\hat{\theta})^2$ 不是 θ^2 的无偏估计.

证　$E\left[(\hat{\theta})^2 \right] = D(\hat{\theta}) + \left[E(\hat{\theta}) \right]^2 = D(\hat{\theta}) + \theta^2$，而 $D(\hat{\theta}) > 0$，故 $E\left[(\hat{\theta})^2 \right] > \theta^2$，即 $E\left[(\hat{\theta})^2 \right] \neq \theta^2$，因而 $\hat{\theta}^2 = (\hat{\theta})^2$ 不是 θ^2 的无偏估计.

4. 判断估计量的有效性

例 6.4.1　设 X_1, X_2, X_3 为总体 X 的一个样本，且总体方差 $D(X)$ 存在. 证明：

$$\hat{\mu}_1 = \frac{X_1 + X_2}{2}, \hat{\mu}_2 = \frac{X_1 + X_2 + X_3}{3}$$

均为总体期望 μ 的无偏估计量，并判断哪一个较有效.

证　$E(\hat{\mu}_1) = \dfrac{1}{2} E(X_1 + X_2) = \dfrac{1}{2} \left[E(X) + E(X) \right] = \mu.$

同理　$E(\hat{\mu}_2) = \mu.$ 它们都是 μ 的无偏估计量. 又

$$D(\hat{\mu}_1)=D(\frac{X_1+X_2}{2})=\frac{D(X)}{2}$$

$$>D(\hat{\mu}_2)=D\left(\frac{X_1+X_2+X_3}{3}\right)=\frac{D(X)}{3}.$$

所以 $\hat{\mu}_2$ 较 $\hat{\mu}_1$ 有效.

例 6.4.2 已知总体 $X \sim N(\mu,\sigma^2)$，参数 μ 未知，X_1，X_2，X_3 为总体 X 的一个样本，容易验证 $\hat{\theta}_1=\frac{2}{5}X_1+\frac{1}{10}X_2+\frac{1}{2}X_3$，$\hat{\theta}_2=\frac{1}{3}X_1+\frac{1}{3}X_2+\frac{1}{3}X_3$ 都是总体 X 的均值 μ 的无偏估计量，判断它们的有效性.

解 由于 $D(\hat{\theta}_1)=D\left(\frac{2}{5}X_1+\frac{1}{10}X_2+\frac{1}{2}X_3\right)$

$$=\left(\frac{2}{5}\right)^2D(X_1)+\left(\frac{1}{10}\right)^2D(X_2)+\left(\frac{1}{2}\right)^2D(X_3)=\frac{21}{50}\sigma^2,$$

$$D(\hat{\theta}_2)=D\left(\frac{1}{3}X_1+\frac{1}{3}X_2+\frac{1}{3}X_3\right)$$

$$=\left(\frac{1}{3}\right)^2D(X_1)+\left(\frac{1}{3}\right)^2D(X_2)+\left(\frac{1}{3}\right)^2D(X_3)=\frac{1}{3}\sigma^2,$$

$D(\hat{\theta}_1)>D(\hat{\theta}_2)$，所以 $\hat{\theta}_2$ 比 $\hat{\theta}_1$ 有效.

5. 正态总体的区间估计

例 6.5.1 从一批钉子中抽取 16 枚，测得其长度(单位:cm)为:

$$2.14 \quad 2.10 \quad 2.13 \quad 2.15 \quad 2.13 \quad 2.12 \quad 2.13 \quad 2.10$$

$$2.15 \quad 2.12 \quad 2.14 \quad 2.10 \quad 2.13 \quad 2.11 \quad 2.14 \quad 2.11$$

假定钉长服从正态分布 $N(\mu,\sigma^2)$．试求 μ 的置信度为 0.90 的置信区间.

解 σ^2 未知．算出 $\bar{x}=2.125$，$s=0.017\,13$．由 $n=16$，$\alpha=0.1$．查 t 分布表得 $t_{\frac{\alpha}{2}}(n-1)=t_{0.05}(15)=1.753\,1$．由 $\left(\bar{x}-\frac{s}{\sqrt{n}}t_{\frac{\alpha}{2}}(n-1),\bar{x}+\frac{s}{\sqrt{n}}t_{\frac{\alpha}{2}}(n-1)\right)$ 计算得

$$\bar{x}-\frac{s}{\sqrt{n}}t_{\frac{\alpha}{2}}(n-1)=2.125-\frac{0.017\,13}{\sqrt{16}}\times1.753\,1=2.118,$$

$$\bar{x}+\frac{s}{\sqrt{n}}t_{\frac{\alpha}{2}}(n-1)=2.125+\frac{0.017\,13}{\sqrt{16}}\times1.753\,1=2.133.$$

则 μ 的置信度为 0.90 的置信区间为 $(2.118, 2.133)$.

例 6.5.2　为了比较甲型和乙型步枪子弹的枪口速度,随机地取甲型子弹 10 发进行试验,得枪口速度的均值 $\overline{x} = 507$ m/s,标准差 $s_1 = 1.04$ m/s;随机地取乙型子弹 15 发,得枪口速度的均值 $\overline{y} = 498$ m/s,标准差 $s_2 = 1.17$ m/s. 设两总体服从方差相等的正态分布,求两总体期望差 $\mu_1 - \mu_2$ 的置信度为 0.95 的置信区间.

解　属于两个正态总体的情形. 将 $m = 10, n = 15, \overline{x} = 507, s_1 = 1.04, \overline{y} = 498, s_2 = 1.17$ 代入式

$$\left(\overline{x} - \overline{y} \pm \sqrt{\frac{1}{m} + \frac{1}{n}} \sqrt{\frac{(m-1)s_1^2 + (n-1)s_2^2}{m+n-2}} t_{\frac{\alpha}{2}}(m+n-2) \right),$$

得

$$\left(\overline{x} - \overline{y} \pm \sqrt{\frac{1}{m} + \frac{1}{n}} \sqrt{\frac{(m-1)s_1^2 + (n-1)s_2^2}{m+n-2}} t_{\frac{\alpha}{2}}(m+n-2) \right)$$

$$= \left(507 - 498 \pm \sqrt{\frac{1}{10} + \frac{1}{15}} \sqrt{\frac{(10-1) \times 1.04^2 + (15-1) \times 1.17^2}{10+15-2}} t_{0.025}(10+15-2) \right)$$

$$= (9 \pm 0.947).$$

即 $\mu_1 - \mu_2$ 的置信度为 0.95 的置信区间为 $(8.053, 9.947)$.

例 6.5.3　加工同一种零件的两台机床,分别加工 6 个零件和 9 个零件. 根据所测零件长度算得 $S_1^2 = 0.245, S_2^2 = 0.375$. 假定两台机床加工零件长度都服从正态分布. 试求两个总体方差比 $\dfrac{\sigma_1^2}{\sigma_2^2}$ 的置信度为 0.95 的置信区间.

解　将 $S_1^2 = 0.245, S_2^2 = 0.375, m = 6, n = 9$,

$$F_{\frac{\alpha}{2}}(n_1 - 1, n_2 - 1) = F_{0.025}(5, 8) = 4.82,$$

$$F_{1-\frac{\alpha}{2}}(m-1, n-1) = F_{0.975}(5, 8) = \frac{1}{F_{0.025}(8,5)} = \frac{1}{6.76}$$

代入式 $\left(\dfrac{\dfrac{S_1^2}{S_2^2}}{F_{\frac{\alpha}{2}}(m-1, n-1)}, \dfrac{\dfrac{S_1^2}{S_2^2}}{F_{1-\frac{\alpha}{2}}(m-1, n-1)} \right)$,计算得

$$\frac{\dfrac{S_1^2}{S_2^2}}{F_{\frac{\alpha}{2}}(m-1,n-1)}=0.136,\quad \frac{\dfrac{S_1^2}{S_2^2}}{F_{1-\frac{\alpha}{2}}(m-1,n-1)}=4.417.$$

则 $\dfrac{\sigma_1^2}{\sigma_2^2}$ 的置信度为 0.95 的置信区间为 $(0.136,4.417)$.

§6.4 考研类型真题解析

一、填空题

例 6.1 设总体 X 的概率密度为

$$f(x;\theta)=\begin{cases}e^{-(x-\theta)} & x\geqslant 0\\ 0 & x<0\end{cases};$$

而 $X_1,X_2,\cdots,X_n$ 是来自总体 X 的简单随机样本,则未知参数 θ 的矩估计量为 _____.

解 应填 $\dfrac{1}{n}\sum\limits_{i=1}^{n}X_i-1$ 或 $\overline{X}-1$.

由

$$E(X)=\int_{-\infty}^{+\infty}xf(x,\theta)\mathrm{d}x=\int_{0}^{+\infty}xe^{-(x-\theta)}\mathrm{d}x=\theta+1,$$

令 $E(X)=\overline{X}$,即 $\theta+1=\dfrac{1}{n}\sum\limits_{i=1}^{n}X_i$,因此 $\hat{\theta}=\overline{X}-1$.

例 6.2 设总体 X 服从参数为 $\dfrac{1}{2}$ 的指数分布,$X_1,X_2,\cdots,X_n$ 是来自总体 X 的简单随机样本,则当 $n\to\infty$ 时,$Y_n=\dfrac{1}{n}\sum\limits_{i=1}^{n}X_i^2$ 依概率收敛于 _____.

解 应填 $\dfrac{1}{2}$.

根据切比雪夫大数定理,Y_n 依概率收敛于 $E(Y_n)$,由于总体 X 服从参数为 $\dfrac{1}{2}$ 的指数分布,故

$$E(X_i) = \frac{1}{2}, D(X_i) = \frac{1}{4};$$

$$E(Y_n) = \frac{1}{n} \sum_{i=1}^{n} E(X_i^2) = \frac{1}{n} \sum_{i=1}^{n} \left[(E(X_i))^2 + D(X_i) \right] = \frac{1}{4} + \frac{1}{4} = \frac{1}{2}.$$

二、选择题

例 6.3　设 n 个随机变量 $X_1, X_2, \cdots, X_n$ 独立同分布,

$$D(X_1) = \sigma^2, \overline{X} = \frac{1}{n} \sum_{i=1}^{n} X_i, S^2 = \frac{1}{n-1} \sum_{i=1}^{n} (X_i - \overline{X})^2,$$

则(　　).

(A) S 是 σ 的无偏估计量　　　　　(B) S 是 σ 的极大似然估计量

(C) S 是 σ 的一致估计量　　　　　(D) S 与 $\overline{X}$ 相互独立

解　应选(C).

因为

(1) n 个随机变量 $X_1, X_2, \cdots, X_n$ 独立同分布,且 $D(X_1) = \sigma^2$,则

$$S^2 = \frac{1}{n-1} \sum_{i=1}^{n} (X_i - \overline{X})^2$$

是 σ^2 的无偏估计,但 S 不是 σ 的无偏估计量.

(2) 若 $X_1, X_2, \cdots, X_n$ 是正态总体 $N(\mu, \sigma^2)$ 的一个样本,则 $\frac{n}{n-1} S^2$ 是 σ^2 的极大似然估计,且 $\sqrt{\frac{n}{n-1}} S$ 是 σ 的极大似然估计.

(3) 若 $X_1, X_2, \cdots, X_n$ 独立同分布,且各随机变量服从正态分布,则 $\overline{X}$ 与 S^2 相互独立.

根据以上这些重要结论,知只有(C)是正确的.

例 6.4　设随机变量 $X_1, X_2, \cdots, X_n, \cdots$ 为独立同分布的随机变量序列,且均服从参数为 $\lambda (\lambda > 1)$ 的指数分布(概率密度为 $f(x) = \begin{cases} \lambda e^{-\lambda x} & x \geqslant 0 \\ 0 & x < 0 \end{cases}$),记 $\Phi(x)$ 为标准正态分布函数,则(　　).

(A) $\lim\limits_{n \to \infty} P\left\{ \dfrac{\sum\limits_{i=1}^{n} X_i - n\lambda}{\lambda \sqrt{n}} \leqslant x \right\} = \Phi(x)$

(B) $\lim\limits_{n \to \infty} P\left\{ \dfrac{\sum\limits_{i=1}^{n} X_i - n\lambda}{\sqrt{\lambda n}} \leqslant x \right\} = \Phi(x)$

(C) $\lim\limits_{n \to \infty} P\left\{ \dfrac{\lambda \sum\limits_{i=1}^{n} X_i - n}{\sqrt{n}} \leqslant x \right\} = \Phi(x)$

(D) $\lim\limits_{n \to \infty} P\left\{ \dfrac{\sum\limits_{i=1}^{n} X_i - \lambda}{\sqrt{n\lambda}} \leqslant x \right\} = \Phi(x)$

解　应选(C).

根据中心极限定理,令

$$\eta_n = \sum_{i=1}^{n} \frac{X_i - a_i}{B_n},$$

其中 $a_i = E(X_i)$,$B_n^2 = \sum\limits_{i=1}^{n} D(X_i)$,则

$$\lim_{n \to \infty} P\{ \eta_n < x \} = \Phi(x).$$

由于 X_i 均服从参数为 $\lambda(\lambda > 1)$ 的指数分布,故

$$a_i = E(X_i) = \frac{1}{\lambda}, \quad B_n = \sqrt{\sum_{i=1}^{n} D(X_i)} = \frac{\sqrt{n}}{\lambda},$$

$$\eta_n = \sum_{i=1}^{n} \frac{X_i - \dfrac{1}{\lambda}}{\dfrac{\sqrt{n}}{\lambda}} = \frac{\sum\limits_{i=1}^{n} \lambda X_i - n}{\sqrt{n}}.$$

三、解答题

例 6.5　设 $X_1, X_2, \cdots, X_n (n > 2)$ 为来自总体 $N(\mu, \sigma^2)$ 的简单随机样本,其样本均值为 $\overline{X}$. 记

$$Y_i = X_i - \overline{X}, \quad i = 1, 2, \cdots, n.$$

(1) 求 Y_i 的方差 $D(Y_i)$，$i=1,2,\cdots,n$；

(2) 求 Y_1 与 Y_n 的协方差 $\text{Cov}(Y_1,Y_n)$；

(3) 若 $c(Y_1+Y_n)^2$ 是 σ^2 的无偏估计量，求常数 c.

解 （1）$D(Y_i)=D(X_i-\overline{X})$

$$=D\Big[\Big(1-\frac{1}{n}\Big)X_i-\frac{1}{n}\sum_{k\neq i}X_k\Big]$$

$$=\Big(\frac{n-1}{n}\Big)^2\sigma^2+\frac{n-1}{n^2}\sigma^2=\frac{n-1}{n}\sigma^2,i=1,2,\cdots,n.$$

（2）$\text{Cov}(Y_1,Y_n)=E[Y_1-E(Y_1)][Y_n-E(Y_n)]$

$$=E[(X_1-\overline{X})(X_n-\overline{X})]$$

$$=E(X_1X_n)+E(\overline{X}^2)-E(X_1\overline{X})-E(X_n\overline{X})$$

$$=E(X_1)E(X_n)+D(\overline{X})-\frac{1}{n}E(X_1^2)-$$

$$\frac{1}{n}\sum_{i=2}^{n}E(X_1X_i)-\frac{1}{n}E(X_n^2)-\frac{1}{n}\sum_{i=1}^{n-1}E(X_nX_i)$$

$$=-\frac{1}{n}\sigma^2.$$

（3）由

$$E[c(Y_1+Y_n)^2]=cD(Y_1+Y_n)=c[D(Y_1)+D(Y_n)+2\text{Cov}(Y_1,Y_n)]$$

$$=c\Big(\frac{n-1}{n}+\frac{n-1}{n}-\frac{2}{n}\Big)\sigma^2=\frac{2(n-2)}{n}c\sigma^2=\sigma^2,$$

得 $c=\dfrac{n}{2(n-2)}.$

例 6.6 设某种元件的使用寿命 X 的概率密度为

$$f(x;\theta)=\begin{cases}2e^{-(x-\theta)} & x\geqslant\theta \\ 0 & x<0\end{cases},$$

其中 $\theta>0$ 为未知参数. 又设 $x_1,x_2,\cdots,x_n$ 是 X 的一组样本观测值，求参数 θ 的极大似然估计值.

解 似然函数为

$$L(\theta) = L(x_1, x_2, \cdots, x_n; \theta)$$

$$= \begin{cases} 2^n e^{-\sum\limits_{i=1}^{n}(x_i-\theta)} & x_i \geqslant \theta(i=1,2,\cdots,n) \\ 0 & \text{其他} \end{cases}.$$

当 $x_i \geqslant \theta(i=1,2,\cdots,n)$ 时,$L(\theta) > 0$,取对数,得

$$\ln L(\theta) = n\ln 2 - \sum_{i=1}^{n}(x_i - \theta).$$

因为 $\dfrac{\mathrm{d}\ln L(\theta)}{\mathrm{d}\theta} = n > 0$,所以 $L(\theta)$ 单调增加.

由于 θ 必须满足 $\theta \leqslant x_i(i=1,2,\cdots,n)$,因此当 θ 取 $x_1,x_2,\cdots,x_n$ 中的最小值时,$L(\theta)$ 取最大值. 所以 θ 的极大似然估计值为 $\hat{\theta} = \min\{x_1,x_2,\cdots,x_n\}$.

例 6.7 设总体的概率密度为

$$f(x) = \begin{cases} (\theta+1)x^{\theta} & 0 < x < 1 \\ 0 & \text{其他} \end{cases},$$

其中 $\theta > -1$ 是未知参数,$X_1, X_2, \cdots, X_n$ 是来自总体 X 的一个容量为 n 的简单随机样本,分别用矩估计法和极大似然估计法求 θ 的估计量.

解 (1) 总体 X 的一阶原点矩为

$$E(X) = \int_{-\infty}^{+\infty} xf(x)\mathrm{d}x = \int_{0}^{1}(\theta+1)x^{\theta+1}\mathrm{d}x = \frac{\theta+1}{\theta+2}.$$

设 $\overline{X} = \dfrac{1}{n}\sum_{i=1}^{n}X_i$ 为样本值. 令

$$\frac{\theta+1}{\theta+2} = \overline{X},$$

解得未知参数 θ 的矩估计量为

$$\hat{\theta} = \frac{2\overline{X}-1}{1-\overline{X}}.$$

(2) 设 $x_1, x_2, \cdots, x_n$ 是相应于样本 $X_1, X_2, \cdots, X_n$ 的样本值,则似然函数为

$$L(\theta) = L(x_1, x_2, \cdots, x_n; \theta)$$

$$= \begin{cases} (\theta+1)^n \left(\prod_{i=1}^{n} x_i^\theta \right) & 0 < x_i < 1 (i=1,2,\cdots,n) \\ 0 & \text{其他} \end{cases}.$$

当 $0 < x_i < 1 (i=1,2,\cdots,n)$ 时,$L > 0$,且

$$\ln L(\theta) = n\ln(\theta+1) + \theta \sum_{i=1}^{n} \ln x_i.$$

$$\frac{\mathrm{d}\ln L(\theta)}{\mathrm{d}\theta} = \frac{n}{\theta+1} + \sum_{i=1}^{n} \ln x_i,$$

令

$$\frac{\mathrm{d}\ln L(\theta)}{\mathrm{d}\theta} = 0,$$

解得未知参数 θ 的极大似然估计量为

$$\hat{\theta} = -1 - \frac{n}{\sum_{i=1}^{n} \ln x_i}.$$

例 6.8 设总体 X 的分布函数为

$$F(x;\theta) = \begin{cases} 1 - \dfrac{1}{x^\beta} & x > 1 \\ 0 & x \leqslant 1 \end{cases},$$

其中未知参数 $\beta > 1$,$X_1, X_2, \cdots, X_n$ 为来自总体 X 的简单随机样本,求:

(1) β 的矩估计量;

(2) β 的极大似然估计量.

解 X 的概率密度为

$$f(x;\beta) = \begin{cases} \dfrac{\beta}{x^{\beta+1}} & x > 1 \\ 0 & x \leqslant 1 \end{cases}.$$

(1) 由于

$$E(X) = \int_{-\infty}^{+\infty} x f(x;\beta) \mathrm{d}x = \int_{1}^{+\infty} x \cdot \frac{\beta}{x^{\beta+1}} \mathrm{d}x = \frac{\beta}{\beta-1}.$$

令

$$\frac{\beta}{\beta-1} = \overline{X},$$

解得未知参数 β 的矩估计量为

$$\hat{\beta} = \frac{\overline{X}}{\overline{X}-1}.$$

（2）设 $x_1, x_2, \cdots, x_n$ 是相应于样本 $X_1, X_2, \cdots, X_n$ 的样本值,则似然函数为

$$L(\beta) = L(x_1, x_2, \cdots, x_n; \beta)$$

$$= \prod_{i=1}^{n} f(x_i; \beta) = \begin{cases} \dfrac{\beta^n}{(x_1 x_2 \cdots x_n)^{\beta+1}} & x_i > 1 (i = 1, 2, \cdots, n) \\ 0 & \text{其他} \end{cases}.$$

当 $x_i > 1 (i = 1, 2, \cdots, n)$ 时,$L > 0$,且

$$\ln L(\beta) = n\ln\beta - (\beta+1)\sum_{i=1}^{n}\ln x_i.$$

$$\frac{\mathrm{d}\ln L(\beta)}{\mathrm{d}\beta} = \frac{n}{\beta} - \sum_{i=1}^{n}\ln x_i,$$

令

$$\frac{\mathrm{d}\ln L(\beta)}{\mathrm{d}\beta} = 0,$$

解得未知参数 β 的极大似然估计量为

$$\hat{\beta} = \frac{n}{\sum\limits_{i=1}^{n}\ln x_i}.$$

例 6.9 设总体 X 的概率密度为

$$f(x) = \begin{cases} \dfrac{6x}{\theta^3}(\theta - x) & 0 < x < \theta \\ 0 & \text{其他} \end{cases}.$$

$X_1, X_2, \cdots, X_n$ 为来自总体 X 的简单随机样本,求:

（1）θ 的矩估计量 $\hat{\theta}$;

（2）$\hat{\theta}$ 的方差 $D(\hat{\theta})$.

解 （1）$E(X) = \displaystyle\int_{-\infty}^{+\infty} xf(x)\mathrm{d}x = \int_{0}^{\theta}\frac{6x^2}{\theta^3}(\theta - x)\mathrm{d}x = \frac{\theta}{2}.$

设 $\overline{X} = \dfrac{1}{n} \sum\limits_{i=1}^{n} X_i$ 为样本均值. 令 $\dfrac{\theta}{2} = \overline{X}$, 解得未知参数 θ 的矩估计量为

$$\hat{\theta} = 2\overline{X}.$$

(2) 由于

$$E(X^2) = \int_{-\infty}^{+\infty} x^2 f(x)\,\mathrm{d}x = \int_0^\theta \frac{6x^3}{\theta^3}(\theta - x)\,\mathrm{d}x = \frac{6\theta^2}{20},$$

$$D(X) = E(X^2) - [E(X)]^2 = \frac{6\theta^2}{20} - \left(\frac{\theta}{2}\right)^2 = \frac{\theta^2}{20},$$

所以 $\hat{\theta} = 2\overline{X}$ 的方差为

$$D(\hat{\theta}) = D(2\overline{X}) = 4D(\overline{X}) = \frac{4}{n}D(X) = \frac{\theta^2}{5n}.$$

例 6.10 设总体 X 的概率密度为

$$f(x) = \begin{cases} 2\mathrm{e}^{-2(x-\theta)} & x > \theta \\ 0 & x \leqslant \theta \end{cases},$$

其中 $\theta > 0$ 是未知参数. 从总体 X 中抽取简单随机样本 $X_1, X_2, \cdots, X_n$, 记 $\hat{\theta} = \min(X_1, X_2, \cdots, X_n)$.

(1) 求总体 X 的分布函数 $F(x)$;

(2) 求统计量 $\hat{\theta}$ 的分布函数 $F_{\hat{\theta}}(x)$;

(3) 如果 $\hat{\theta}$ 作为 θ 的估计量, 讨论它是否具有无偏性.

解 (1) $F(x) = \displaystyle\int_{-\infty}^{x} f(t)\,\mathrm{d}t = \begin{cases} 1 - \mathrm{e}^{-2(x-\theta)} & x > \theta \\ 0 & x \leqslant \theta \end{cases}.$

(2) $F_{\hat{\theta}}(x) = P(\hat{\theta} \leqslant x) = P\{\min(X_1, X_2, \cdots, X_n) \leqslant x\}$

$\qquad = 1 - P\{\min(X_1, X_2, \cdots, X_n) > x\}$

$\qquad = 1 - P\{X_1 > x, X_2 > x, \cdots, X_n > x\}$

$\qquad = 1 - P\{X_1 > x\}P\{X_2 > x\} \cdots P\{X_n > x\}$

$\qquad = 1 - [1 - F(x)]^n$

$\qquad = \begin{cases} 1 - \mathrm{e}^{-2n(x-\theta)} & x > \theta \\ 0 & x \leqslant \theta \end{cases}.$

(3) $\hat{\theta}$ 的概率密度为

$$f_{\hat{\theta}}(x) = F'_{\hat{\theta}}(x) = \begin{cases} 2n\mathrm{e}^{-2n(x-\theta)} & x > \theta \\ 0 & x \leqslant \theta \end{cases}.$$

因为

$$E(\hat{\theta}) = \int_{-\infty}^{+\infty} x f_{\hat{\theta}}(x)\mathrm{d}x = \int_{0}^{\theta} 2n\mathrm{e}^{-2n(x-\theta)}\mathrm{d}x = \theta + \frac{1}{2n} \neq \theta,$$

所以 $\hat{\theta}$ 作为 θ 的估计量不具有无偏性.

例 6.11　从正态总体 $N(3.4, 6)$ 抽取容量为 n 的样本,如果要求其样本均值位于区间 $(1.4, 5.4)$ 内的概率不小于 0.95,问样本容量 n 至少应取多大?

附表:标准正态分布表

$$\Phi(z) = \int_{-\infty}^{z} \frac{1}{\sqrt{2\pi}} \mathrm{e}^{-\frac{t^2}{2}} \mathrm{d}t$$

z	1.28	1.645	1.96	2.33
$\Phi(z)$	0.900	0.950	0.975	0.990

解　以 $\overline{X}$ 表示该样本均值,则

$$\frac{\overline{X} - 3.4}{\dfrac{6}{\sqrt{n}}} \sim N(0, 1).$$

从而有

$$\begin{aligned} P\{1.4 < \overline{X} < 5.4\} &= P\{-2 < \overline{X} - 3.4 < 2\} \\ &= P\{|\overline{X} - 3.4| < 2\} \\ &= P\left\{ \frac{|\overline{X} - 3.4|}{\dfrac{6}{\sqrt{n}}} < \frac{2}{\dfrac{6}{\sqrt{n}}} \right\} \\ &= 2\Phi\left(\frac{\sqrt{n}}{3}\right) - 1 \geqslant 0.95, \end{aligned}$$

故

$$\Phi\left(\frac{\sqrt{n}}{3}\right) \geqslant 0.975,$$

由此得

$$\frac{\sqrt{n}}{3} \geqslant 1.96,$$

即

$$n \geqslant (1.96 \times 3)^2 \approx 34.57,$$

所以 n 至少应取 35.

§6.5　基础训练题

一、填空题

1. 设总体 $X \sim B(n,p)$，$0 < p < 1$，$X_1, X_2, \cdots, X_n$ 为其样本，n 及 p 的矩估计分别是_____.

2. 设总体 $X \sim U[0,\theta]$，$(X_1, X_2, \cdots, X_n)$ 是来自 X 的样本，则 θ 的极大似然估计量是_____.

3. 设总体 $X \sim N(\mu, 0.9^2)$，$X_1, X_2, \cdots, X_9$ 是容量为 9 的简单随机样本，均值 $\overline{x} = 5$，则未知参数 μ 的置信水平为 0.95 的置信区间是_____.

4. 测得自动车床加工的 10 个零件的尺寸与规定尺寸的偏差（μm）如下：
$$+2 \quad +1 \quad -2 \quad +3 \quad +2 \quad +4 \quad -2 \quad +5 \quad +3 \quad +4$$
则零件尺寸偏差的数学期望的无偏估计值是_____.

5. 在上述第 4 题的条件下，零件尺寸偏差的方差的无偏估计值是_____.

二、选择题

1. 设 $X_1, X_2, \cdots, X_n$ 是取自总体 X 的一个简单样本，则 $E(X^2)$ 的矩估计是（　　）.

(A) $S_1^2 = \dfrac{1}{n-1} \sum_{i=1}^{n} (X_i - \overline{X})^2$ 　　(B) $S_2^2 = \dfrac{1}{n} \sum_{i=1}^{n} (X_i - \overline{X})^2$

(C) $S_1^2 + \overline{X}^2$ 　　　　　　　　(D) $S_2^2 + \overline{X}^2$

2. 总体 $X \sim N(\mu, \sigma^2)$，σ^2 已知，$n \geqslant$（　　）时，才能使总体均值 μ 的置信水平为 0.95 的置信区间长不大于 L.

(A) $\dfrac{15\sigma^2}{L^2}$　　　　　　　　　　(B) $\dfrac{15.366\,4\sigma^2}{L^2}$

(C) $\dfrac{16\sigma^2}{L^2}$　　　　　　　　　　(D) 16

3. 设 $X_1,X_2,\cdots,X_n$ 为总体 X 的一个随机样本，$E(X)=\mu,D(X)=\sigma^2$，$\hat{\theta}^2=C\displaystyle\sum_{i=1}^{n-1}(X_{i+1}-X_i)^2$ 为 σ^2 的无偏估计，$C=($　　$)$.

(A) $\dfrac{1}{n}$　　　　　　　　(B) $\dfrac{1}{n}-1$

(C) $\dfrac{1}{2(n-1)}$　　　　　　(D) $\dfrac{1}{n}-2$

4. 设总体 X 服从正态分布 $N(\mu,\sigma^2)$，$X_1,X_2,\cdots,X_n$ 是来自 X 的样本，则 σ^2 的极大似然估计为($\quad$).

(A) $\dfrac{1}{n}\displaystyle\sum_{i=1}^{n}(X_i-\overline{X})^2$　　　　　(B) $\dfrac{1}{n-1}\displaystyle\sum_{i=1}^{n}(X_i-\overline{X})^2$

(C) $\dfrac{1}{n}\displaystyle\sum_{i=1}^{n}X_i^2$　　　　　　　(D) $\overline{X}^2$

5. 在第二大题第 4 题的条件下，σ^2 的无偏估计量是($\quad$).

(A) $\dfrac{1}{n}\displaystyle\sum_{i=1}^{n}(X_i-\overline{X})^2$　　　　　(B) $\dfrac{1}{n-1}\displaystyle\sum_{i=1}^{n}(X_i-\overline{X})^2$

(C) $\dfrac{1}{n}\displaystyle\sum_{i=1}^{n}X_i^2$　　　　　　　(D) $\overline{X}^2$

三、解答题

1. 设 $X_1,X_2,\cdots,X_n$ 为总体 X 的一个样本，X 的密度函数 $f(x)=\begin{cases}\beta x^{\beta-1} & 0<x<1 \\ 0 & \text{其他}\end{cases}$，$\beta>0$，求参数 β 的矩估计量和极大似然估计量.

2. 设 X 服从参数为 λ 的泊松分布，试求参数 λ 的矩估计与极大似然估计.

3. 随机地从一批零件中抽取 16 个，测得长度(单位:cm)为：

2.14　2.10　2.13　2.15　2.13　2.12　2.13　2.10

2.15　2.12　2.14　2.10　2.13　2.11　2.14　2.11

设零件长度分布为正态分布,试求总体 μ 的 90% 的置信区间:(1) 若 $\sigma=0.01$(cm);
(2) 若 σ 未知.

4. 某厂利用两条自动化流水线灌装番茄酱,分别从两条流水线上抽取样本:$X_1,X_2,\cdots,X_{12}$ 及 $Y_1,Y_2,\cdots,Y_{17}$,算出 $\overline{X}=10.6$(g),$\overline{Y}=9.5$(g),$S_1^2=2.4$,$S_2^2=4.7$,假设这两条流水线上灌装的番茄酱的重量都服从正态分布,且相互独立,其均值分别为 μ_1,μ_2,设两总体方差 $\sigma_1^2=\sigma_2^2$,求 $\mu_1-\mu_2$ 置信水平为 95% 的置信区间.

5. 在第三大题第 4 题的条件下,求 $\dfrac{\sigma_1^2}{\sigma_2^2}$ 的置信水平为 95% 的置信区间.

四、证明题

为了对一批产品估计其废品率 P,随机取一样本 $X_1,X_2,\cdots,X_n$,其中

$$X_i=\begin{cases}1 & \text{取得废品}\\0 & \text{取得合格品}\end{cases},i=1,2,\cdots,n,$$

试证明:$\hat{P}=\overline{X}=\dfrac{1}{n}\sum_{i=1}^{n}X_i$ 是 P 的无偏估计量.

第7章 假设检验

§7.1 本章内容综述

7.1.1 假设检验的基本思想和方法

1. 假设检验的基本概念

1) 假设检验的提出

对总体分布中的某些参数或总体的分布类型提出假设 H_0 和与之对立的假设 H_1. 我们称 H_0 为原假设, H_1 为对立假设或者备择假设. 接下来给出一个合理的法则, 根据这一法则, 由已知的样本值作出是接受假设 H_0(即拒绝假设 H_1), 还是拒绝假设 H_0(即接受假设 H_1)的判断. 这一过程称为对假设 H_0 进行检验.

如果检验的假设是在总体分布类型已知的情况下, 仅仅涉及总体分布中的参数, 这种形式的检验称为参数假设检验, 若对总体的分布或总体的某些特性进行检验, 这类的检验称为非参数假设检验.

2) 假设检验的形式

设总体的分布中含有未知参数 μ, 若假设为 $H_0:\mu=\mu_0$, $H_1:\mu\neq\mu_0$, 这样的检验问题称为双侧假设检验.

若假设为 $H_0:\mu\geqslant\mu_0$, $H_1:\mu<\mu_0$, 或 $H_0:\mu\leqslant\mu_0$, $H_1:\mu>\mu_0$, 这类的检验问题称为单侧假设检验.

2. 假设检验的基本思想与步骤

1) 假设检验的基本思想

假设检验的基本思想是以"小概率原理"作为拒绝或接受 H_0 的依据. 所

谓"小概率原理"就是认为"小概率事件在一次试验中是几乎不会发生的". 至于一个事件的概率 α 多小才算小概率,这要根据具体的问题而定. 一般把 $\alpha \leqslant 0.1$ 的事件称为小概率事件.

2) 假设检验的基本步骤

假设检验的基本步骤如下:

(1) 根据实际问题要求,提出原假设 H_0 和备择假设 H_1.

(2) 构造一个检验统计量,当 H_0 为真时,该检验统计量的分布是已知的,且与未知参数无关.

(3) 对给定的显著性水平 α,查统计量的分布表,确定临界值,从而确定拒绝域 W.

(4) 根据样本值,计算出检验统计量的观察值.

(5) 作结论　若观察值落入拒绝域 W 中,则拒绝 H_0;若观察值不在拒绝域 W 中,则接受 H_0.

3. 假设检验中的两类错误

第一类错误称为"弃真错误",即 H_0 本来是正确的,但由于检验统计量的值落入拒绝域中而拒绝 H_0. 对显著性水平 α,犯第一类错误的概率为

$$P\{拒绝\ H_0\,|\,H_0\ 为真\}=P\{小概率事件\ A\ 发生\,|\,H_0\ 为真\}\leqslant\alpha.$$

第二类错误称为"取伪错误",即 H_0 本来不正确的,但由于检验统计量的值不在拒绝域中从而接受 H_0. 设犯第二类错误的概率为 β,则

$$\beta=P\{接受\ H_0\,|\,H_0\ 为假\}=P\{小概率事件\ A\ 不发生\,|\,H_0\ 为假\}.$$

7.1.2　正态总体均值的假设检验

1. 单个总体均值的检验

1) 已知 $\sigma^2=\sigma_0^2$,检验 $H_0:\mu=\mu_0$,$H_1:\mu\neq\mu_0$(U 检验)

因为 $\overline{X}$ 为 μ 的点估计,选择检验统计量:$U=\dfrac{\overline{X}-\mu_0}{\dfrac{\sigma_0}{\sqrt{n}}}$,由 $P\{|U|\geqslant U_{\frac{\alpha}{2}}\}=\alpha$

得拒绝域为 $W=\{U\,|\,|U|\geqslant U_{\frac{\alpha}{2}}\}$.

2) σ^2 未知,检验 $H_0:\mu=\mu_0$,$H_1:\mu\ne\mu_0$(t 检验)

由于方差 σ^2 未知,选择检验统计量:$t=\dfrac{\overline{X}-\mu_0}{\dfrac{S}{\sqrt{n}}}$,由 $P\{|t|\geqslant t_{\frac{\alpha}{2}}(n-1)\}=\alpha$

得拒绝域为 $W=\{t\,|\,|t|\geqslant t_{\frac{\alpha}{2}}(n-1)\}$.

3) 单侧检验

右边检验 $H_0:\mu\leqslant\mu_0$,$H_1:\mu>\mu_0$,以检验 U 为例,H_0 的拒绝域为 $W=\{U\,|\,U\geqslant U_\alpha\}$.

对于左边检验 $H_0:\mu\geqslant\mu_0$,$H_1:\mu<\mu_0$,类似可得 H_0 的拒绝域为 $W=\{U\,|\,U\leqslant -U_\alpha\}$.

2. 两个正态总体均值的假设检验

设有总体 $X\sim N(\mu_1,\sigma_1^2)$,$Y\sim N(\mu_2,\sigma_2^2)$. $X_1,X_2,\cdots,X_{n_1}$ 为来自总体 X 的容量为 n_1 的样本,$\overline{X}$ 和 S_1^2 分别为它的样本均值和样本方差;$Y_1,Y_2,\cdots,Y_{n_2}$ 为来自总体 Y 的容量为 n_2 的样本,$\overline{Y}$ 和 S_2^2 分别为它的样本均值和样本方差. 又设两样本相互独立.

1) σ_1^2,σ_2^2 已知,检验 $H_0:\mu_1=\mu_2$,$H_1:\mu_1\ne\mu_2$(U 检验)

选取检验统计量 $U=\dfrac{\overline{X}-\overline{Y}}{\sqrt{\dfrac{\sigma_1^2}{n_1}+\dfrac{\sigma_2^2}{n_2}}}$,$H_0$ 的拒绝域为 $W=\{U\,|\,|U|\geqslant U_{\frac{\alpha}{2}}\}$.

2) σ_1^2,σ_2^2 未知,但 $\sigma_1^2=\sigma_2^2$,检验 $H_0:\mu_1=\mu_2$,$H_1:\mu_1\ne\mu_2$(t 检验)

选取检验统计量 $t=\dfrac{\overline{X}-\overline{Y}}{S_w\sqrt{\dfrac{1}{n_1}+\dfrac{1}{n_2}}}$,其中 $S_w^2=\dfrac{(n_1-1)S_1^2+(n_2-1)S_2^2}{n_1+n_2-2}$,$H_0$

的拒绝域为 $W=\{t\,|\,|t|\geqslant t_{\frac{\alpha}{2}}(n_1+n_2-2)\}$.

7.1.3　正态总体方差的假设检验

1. 单个总体方差的检验

1) μ 已知,检验 $H_0:\sigma^2=\sigma_0^2$,$H_1:\sigma^2\ne\sigma_0^2$($\chi^2$ 检验)

选择检验统计量

$$\chi^2 = \frac{\sum\limits_{i=1}^{n}(X_i-\mu)^2}{\sigma_0^2},$$

由 $P(\{\chi^2 \leqslant \chi^2_{1-\frac{\alpha}{2}}(n)\} \bigcup \{\chi^2 \geqslant \chi^2_{\frac{\alpha}{2}}(n)\}) = \alpha$ 得 H_0 的拒绝域为

$$W = \{\chi^2 \leqslant \chi^2_{1-\frac{\alpha}{2}}(n)\} \text{ 或 } \{\chi^2 \geqslant \chi^2_{\frac{\alpha}{2}}(n)\}.$$

2）μ 未知，检验 $H_0 : \sigma^2 = \sigma_0^2, H_1 : \sigma^2 \neq \sigma_0^2 (\chi^2$ 检验)

选择检验统计量 $\chi^2 = \dfrac{(n-1)S^2}{\sigma_0^2}$, H_0 的拒绝域为 $W = \{\chi^2 \leqslant \chi^2_{1-\frac{\alpha}{2}}(n-1)\}$

或 $\{\chi^2 \geqslant \chi^2_{\frac{\alpha}{2}}(n-1)\}$.

3）方差的单侧检验

设总体 $X \sim N(\mu, \sigma^2)$, μ, σ^2 均未知，要做如下两种检验：

（1）右边检验　　$H_0 : \sigma^2 \leqslant \sigma_0^2, H_1 : \sigma^2 > \sigma_0^2 (\sigma_0^2$ 已知)，σ^2 的拒绝域为

$$W = \left\{\chi^2 \frac{(n-1)S^2}{\sigma_0^2} > \chi^2_{\alpha}(n-1)\right\}.$$

（2）左边检验　　$H_0 : \sigma^2 \geqslant \sigma_0^2, H_1 : \sigma^2 < \sigma_0^2 (\sigma_0^2$ 已知)，σ^2 的拒绝域为

$$W = \left\{\chi^2 \frac{(n-1)S^2}{\sigma_0^2} < \chi^2_{1-\alpha}(n-1)\right\}.$$

2. 两个正态总体方差的检验

μ_1, μ_2 未知，检验 $H_0 : \sigma_1^2 = \sigma_2^2, H_1 : \sigma_1^2 \neq \sigma_2^2$

选取检验统计量

$$F = \frac{S_1^2}{S_2^2},$$

由 $P(\{F \leqslant F_{1-\frac{\alpha}{2}}(n_1-1, n_2-1)\} \bigcup \{F \geqslant F_{\frac{\alpha}{2}}(n_1-1, n_2-1)\}) = \alpha$ 得 H_0 的拒绝域为

$$W = \{F \leqslant F_{1-\frac{\alpha}{2}}(n_1-1, n_2-1)\} \bigcup \{F \geqslant F_{\frac{\alpha}{2}}(n_1-1, n_2-1)\}.$$

该检验法称为两总体的 F 检验法. 对两总体方差是否相等的检验又称为方差齐性检验.

§7.2 易错概念问题解析

1. 什么是显著性检验? 其基本思想是什么? 有什么缺陷?

答 显著性检验是指只考虑一个假设是否成立的检验.其原则是,只要求犯第一类错误的概率不大于设定的 $\alpha(0<\alpha<1)$.

显著性检验的基本思想是:根据小概率事件在一次试验中一般不应该发生的实际推断原理来检验假设是否成立.

其缺陷是:由于只有一个假设,不能评判显著性检验方法本身的好坏,因而对同一假设的众多显著性检验法难以评定优劣.

2. 显著性检验的反证法思想与一般的反证法有何不同?

答 一般的反证法是逻辑上的反证法,由结果的矛盾而证原假设是错误的.显著性检验法的反证法由小概率事件不该发生而实际发生了这一矛盾结果出发,拒绝 H_0.其反证法带有概率的性质,矛盾结果具有随机性,因而可能出现假设正确而拒绝假设的错误,但犯错误的概率小于 α(显著性水平).因而称为"概率反证法".

3. 对于实际问题的择一检验中,原假设与备择假设地位是否相等? 应如何选择原假设与备择假设?

答 假设检验是控制犯第一类错误的概率,所以检验法本身对原假设起保护的作用,决不轻易拒绝原假设,因此原假设与备择假设地位是不相等的,正因为此,常常把那些保守的、历史的、经验的取为原假设,而把那些猜测的、可能的、预期的取为备择假设.

4. 参数的假设检验与区间估计之间有什么关系?

答 常见的区间估计与相应的参数的假设检验有着密切联系,一般某个参数的置信区间可以确定关于此参数的假设检验的接受域.

如 $X \sim N(\mu, \sigma^2)$,σ^2 已知,$X_1, X_2, \cdots, X_n$ 为一个样本.

对于给定置信度 $1-\alpha$,μ 的置信区间为

$$\left(\overline{X}-\frac{\sigma}{\sqrt{n}}Z_{\frac{a}{2}},\overline{X}+\frac{\sigma}{\sqrt{n}}Z_{\frac{a}{2}}\right).$$

而 μ 的显著性水平为 α 的拒绝域为(假设 $H_0:\mu=\mu_0$)为

$$(\overline{X}-\mu_0)\frac{\sqrt{n}}{\sigma}<Z_{\frac{a}{2}}.$$

从上述结果可以看到,置信度 $1-\alpha$ 的 μ 的置信区间与关于 μ 的假设的显著性水平为 α 的接受域是相呼应的,由它们中的一个可以确定另一个.

5. 两个正态总体,当它们方差未知,且不相同时,如何检验它们的期望是否相同?

答　设 $X\sim N(\mu_1,\sigma_1^2),Y\sim N(\mu_2,\sigma_2^2)$,样本容量分别为 n_1 和 n_2.

(1) 当 n_1,n_2 很大时,统计量(在 H_0 成立时)

$$U=\frac{\overline{X}-\overline{Y}}{\sqrt{\dfrac{S_1^2}{n_1}+\dfrac{S_2^2}{n_2}}}\overset{\cdot}{\sim}N(0,1),$$

从而拒绝域为

$$\frac{|\overline{X}-\overline{Y}|}{\sqrt{\dfrac{S_1^2}{n_1}+\dfrac{S_2^2}{n_2}}}\geqslant Z_{\frac{a}{2}}.$$

(2) 当 $n_1=n_2=n$ 时,令 $Z_i=X_i-Y_i,i=1,2,\cdots,n$,记 $E(Z_i)=\mu,D(Z_i)=\sigma^2$,则 $Z_1,Z_2,\cdots,Z_n$ 是 $N(\mu,\sigma^2)$ 的样本,假设转化为 $H_0:\mu=0$. 检验统计量为

$$T=\frac{\sqrt{n}}{S_Z^*}\overline{Z},$$

$$S_Z^*=\frac{1}{n-1}\sum_{i=1}^n(Z_i-\overline{Z})^2.$$

于是显著性水平 α 的拒绝域为

$$\frac{\sqrt{n}}{S_Z^*}|\overline{Z}|\geqslant t_{\frac{a}{2}}(n-1).$$

(3) 当 $\sigma_1^2=k\sigma_2^2$ 时,检验量(在 H_0 成立时)

$$t = \frac{\overline{X} - \overline{Y}}{S_w \sqrt{\dfrac{1}{n_1} + \dfrac{1}{kn_2}}} \sim t(n_1 + n_2 - 2),$$

其中 $S_w = \sqrt{\dfrac{(n_1-1)S_1^{*2} + (n_2-1)S_2^{*2}}{n_1 + n_2 - 2}}$. 对显著性水平 α, 拒绝域为

$$\frac{|\overline{X} - \overline{Y}|}{S_w \sqrt{\dfrac{1}{n_1} + \dfrac{1}{kn_2}}} \geqslant t_{\frac{\alpha}{2}}(n_1 + n_2 - 2).$$

6. 对两个正态总体期望的检验, 当方差未知且不相同时, 应怎样进行?

答　这时, 可以先用 F 检验对两个总体的方差是否相等进行检验. 如果结果是方差相等, 则可用方差未知而相等的 t 检验法, 对期望是否相同进行检验. 为了使等方差建立在可信的基础上, 显著性水平 α 可取的大一些, 从而使方差不等而错判为方差相等的错误概率小一些.

§7.3　典型问题解析

1. 一个正态总体均值的假设检验

例 7.1.1　要求一种元件的使用寿命不得低于 1 000 h, 今从一批元件中随机抽取 25 件, 测得其平均寿命值为 950 h. 设该种元件寿命均值为 μ, 已知该种元件寿命服从标准差为 $\sigma = 100$ h 的正态分布. 试在显著性水平 $\alpha = 0.05$ 下确定这批元件是否合格?

解　依题意提出假设

$$H_0 : \mu \geqslant 1\,000\text{ h}, H_1 : \mu < 1\,000\text{ h}.$$

总体方差已知, 当原假设为真时, 检验统计量 $U = \dfrac{\overline{X} - \mu_0}{\dfrac{\sigma}{\sqrt{n}}} \sim N(0,1)$, H_0

的拒绝域为 $u \leqslant -u_{0.05}$, 已知 $\mu_0 = 1\,000, \overline{x} = 950, n = 25, \sigma = 100$, 故 $U = \dfrac{\overline{X} - \mu_0}{\dfrac{\sigma}{\sqrt{n}}} =$

-2.5. 拒绝域为 $u \leqslant -u_{0.05} = -1.645$. 因为 $-2.5 < -1.645$, 故拒绝 H_0, 认

为这批元件不合格.

例 7.1.2　设某种罐头的维生素 C 含量 X(g)服从正态分布,按规定该罐头的维生素 C 平均含量不得少于 23 g.现从这批罐头中随机抽取 10 罐,测得维生素 C 的含量为:

　23.5　21.6　24.1　24.7　22.9　26.2　5.5　24.2　21.7　28.8

问这批罐头的维生素 C 含量是否合格?

解　显然 $X \sim N(\mu, \sigma^2)$,其中 μ, σ^2 均未知.我们假设这批罐头的维生素 C 含量合格,提出假设

$$H_0 : \mu \geqslant 23, H_1 : \mu < 23.$$

计算出 $\bar{x} = 23.8, s^2 = 2.423^2$,计算得 $t = \dfrac{\bar{x} - 23}{\dfrac{S}{\sqrt{10}}} = 1.044$.取显著性水平 $\alpha = 0.05$,

查表得 $t_\alpha(n-1) = t_{0.05}(10-1) = 1.833\,1$,得拒绝域 $W = (-\infty, -1.833\,1]$.

$t \notin W$,接受 H_0,可以认为这批罐头的维生素 C 含量是合格的.

2. 两个正态总体均值的假设检验

例 7.2.1　某种物品在处理前后分别取样本分析其含脂率,得到数据如下:

　处理前

　0.29　0.18　0.31　0.30　0.36　0.32　0.28　0.12　0.30　0.27

　处理后

　0.15　0.13　0.09　0.07　0.24　0.19　0.04　0.08　0.20　0.12　0.24

假设处理前后含脂率都服从正态分布且方差不变,问处理前后的含脂率是否有显著的变化($\alpha = 0.05$)?

解　设 X 和 Y 分别表示处理前后某种物品的含脂率,则

$$X \sim N(\mu_1, \sigma^2), Y \sim N(\mu_2, \sigma^2).$$

依题意提出假设

$$H_0 : \mu_1 = \mu_2, H_1 : \mu_1 \neq \mu_2.$$

计算得 $\bar{x} = 0.273, s_1^2 = 0.005, \bar{y} = 0.141, s_2^2 = 0.004\,77$,检验统计量

$$t = \frac{0.273 - 0.141 - 0}{\sqrt{\frac{1}{10} + \frac{1}{11}} \sqrt{\frac{(10-1) \times 0.005 + (11-1) \times 0.004\,77}{10+11-2}}} = 4.3.$$

拒绝域为

$$W = \{|t| \geqslant t_{0.025}(19) = 2.093\} = (-\infty, -2.093] \cup [2.093, +\infty).$$

$t \in W$,拒绝 H_0,即认为处理前后的含脂率有显著的变化.

3. 一个正态总体方差的假设检验

例 7.3.1 已知某厂生产的维尼龙纤度(表示粗细程度的量)服从正态分布,且其方差 $\sigma_0^2 = 0.048^2$.某日抽取 9 根,测得纤度为:

　　1.38　　1.40　　1.55　　1.46　　1.48　　1.51　　1.40　　1.44　　1.38

问在显著性水平 $\alpha = 0.05$ 下,这天生产维尼龙纤度的方差 σ^2 是否有显著的变化?

解 依题意提出假设

$$H_0: \sigma^2 = 0.048^2, \quad H_1: \sigma^2 \neq 0.048^2.$$

由样本值计算得 $s^2 = 0.003\,653$,计算检验统计量得

$$\chi^2 = \frac{(n-1)s^2}{\sigma_0^2} = \frac{(9-1) \times 0.003\,653}{0.048^2} = 12.684.$$

$n = 9, \alpha = 0.05$,拒绝域为

$$W = (0, \chi_{0.975}^2(8)] \cup [\chi_{0.025}^2(8), +\infty) = (0, 2.180] \cup [17.535, +\infty).$$

由 $\chi^2 \notin W$,故接受 H_0,即认为这批维尼龙纤度的方差没有显著的变化.

4. 两个正态总体方差的假设检验

例 7.4.1 某工厂使用两种不同的原料 A, B 生产同一类产品,各在一周的产品中取样进行分析比较.取原料 A 样品 10 件,测得平均重量 2.46 kg 和样本标准差 0.57 kg;取原料 B 样品 10 件,测得平均重量 2.55 kg 和样本标准差 0.48 kg.设两种样本独立且分别来自 $N(\mu_1, \sigma_1^2)$ 和 $N(\mu_2, \sigma_2^2)$.问在 $\alpha = 0.05$ 下能否认为两个总体有显著差异?

解 即比较两个正态总体的两个参数分别相同.一般先作方差齐性检验,如果相同再比较均值,否则认为两个总体有显著差异.

（1）检验假设　　$H_0 : \sigma_1^2 = \sigma_2^2 , H_1 : \sigma_1^2 \neq \sigma_2^2 .$

$s_1 = 0.57 , s_2 = 0.48 ,$ 计算检验统计量，得 $F = \dfrac{s_1^2}{s_2^2} = 1.410 .$

$m = n = 10 , \alpha = 0.05 ,$ 拒绝域为

$$W = \left(0 , F_{1-0.025}(9,9) \right] \bigcup \left[F_{0.025}(9,9) , +\infty \right)$$

$$= \left(0 , \frac{1}{4.03} \right] \bigcup \left[4.03 , +\infty \right) .$$

$F \notin W ,$ 则接受 $H_0 : \sigma_1^2 = \sigma_2^2 .$

（2）检验假设　　$H_{00} : \mu_1 = \mu_2 , H_{11} : \mu_1 \neq \mu_2 .$

$\overline{x} = 2.46 , \overline{y} = 2.25 , s_1 = 0.57 , s_2 = 0.48 ,$ 计算检验统计量得

$$t = \frac{2.46 - 2.25 - 0}{\sqrt{\dfrac{1}{10} + \dfrac{1}{10}} \sqrt{\dfrac{(10-1) \times 0.57^2 + (10-1) \times 0.48^2}{10 + 10 - 2}}} = 0.891\,2 .$$

$m = n = 10 , \alpha = 0.05 ,$ 拒绝域为

$$W = \{ |t| \geqslant t_{0.025}(18) = 2.100\,9 \}$$

$$= (-\infty , -2.100\,9] \bigcup [2.100\,9 , +\infty) .$$

$t \notin W ,$ 接受 $H_{00} : \mu_1 = \mu_2 .$

综合（1）（2），可以认为这两个正态总体没有显著差异.

§7.4　考研类型真题解析

一、填空题

例 7.1　设 $X_1 , X_2 , \cdots , X_n$ 为来自正态总体 $N(\mu , \sigma^2)$ 的样本，σ^2 未知，现要检验 $H_0 : \mu = \mu_0 ,$ 则应选取的统计量是 _____ ；当 H_0 成立时，该统计量服从 _____ 分布.

解　应填 $\dfrac{\overline{X} - \mu_0}{\dfrac{S}{\sqrt{n}}} , t(n-1) .$

因为当 σ^2 未知,要检验 $H_0:\mu=\mu_0$,应选统计量 $\dfrac{\overline{X}-\mu_0}{\frac{S}{\sqrt{n}}}$,当 H_0 成立时,该

统计量服从 $t(n-1)$ 分布.

例 7.2   在显著性检验中,若要使犯两类错误的概率同时变小,则只有增

加 ＿＿＿＿＿＿＿＿＿＿ .

解   应填样本容量.

因为犯两类错误的概率,当一个缩小时另一个会扩大.所以要使犯两类错
误的概率同时缩小,只能扩大样本容量.

二、选择题

例 7.3   设总体 $X\sim N(\mu,\sigma^2)$,σ^2 已知,$X_1,X_2,\cdots,X_n$ 为来自正态总体
$N(\mu,\sigma^2)$ 的样本,$x_1,x_2,\cdots,x_n$ 为样本观察值,在显著性水平 $\alpha=0.05$ 下接受
了 $H_0:\mu=\mu_0$.若将 $\alpha=0.05$ 改为 $\alpha=0.01$ 时,下面结论中正确的是(   ).

(A) 必拒绝 H_0 (B) 必接受 H_0

(C) 可能接受,也可能拒绝 H_0 (D) 不接受,也不拒绝 H_0

解   应选(B).

因为在显著性小平 $\alpha=0.05$ 下拒绝 H_0 的拒绝域为:$\left|\dfrac{\overline{x}-\mu_0}{\frac{\sigma}{\sqrt{n}}}\right|>u_{1-\frac{\alpha}{2}}=$

$u_{0.975}=1.96$.接受 H_0 的接受域为 $\left|\dfrac{\overline{x}-\mu_0}{\frac{\sigma}{\sqrt{n}}}\right|\leqslant u_{1-\frac{\alpha}{2}}=u_{0.975}=1.96$;

而在显著性小平 $\alpha=0.01$ 下拒绝 H_0 的拒绝域为:$\left|\dfrac{\overline{x}-\mu_0}{\frac{\sigma}{\sqrt{n}}}\right|>u_{1-\frac{\alpha}{2}}=$

$u_{0.995}=2.57$.接受 H_0 的接受域为 $\left|\dfrac{\overline{x}-\mu_0}{\frac{\sigma}{\sqrt{n}}}\right|\leqslant u_{1-\frac{\alpha}{2}}=u_{0.995}=2.57$.

例 7.4   在假设检验中,H_0 表示原假设,H_1 表示备选假设,则犯第二类
错误的是(   ).

(A) H_1 不真,接受 H_1　　　　(B) H_0 不真,接受 H_1

(C) H_0 不真,接受 H_0　　　　(D) H_0 为真,接受 H_1

解　应选(C).

因为第二类错误的定义为:H_0 不真,接受 H_0.

例 7.5　设 $X_1,X_2,\cdots,X_n$ 为来自正态总体 $N(\mu,\sigma^2)$ 的样本,μ,σ^2 是未知参数,且

$$\overline{X}=\frac{1}{n}\sum_{i=1}^{n}X_i,\quad Q^2=\sum_{i=1}^{n}(X_i-\overline{X})^2,$$

则检验假设 $H_0:\mu=0$ 时,应选取统计量为(　　　).

(A) $\sqrt{n(n-1)}\dfrac{\overline{X}}{Q}$　　　　(B) $\sqrt{n}\dfrac{\overline{X}}{Q}$

(C) $\sqrt{n-1}\dfrac{\overline{X}}{Q}$　　　　(D) $\sqrt{n}\dfrac{\overline{X}}{Q^2}$

解　应选(A).

因为当 σ^2 未知,要检验 $H_0:\mu=\mu_0=0$ 时,应选统计量

$$\frac{\overline{X}-\mu_0}{\dfrac{S}{\sqrt{n}}}=\frac{\overline{X}}{\sqrt{\dfrac{1}{n(n-1)}\sum\limits_{i=1}^{n}(X_i-\overline{X})^2}}=\frac{\sqrt{n(n-1)}\,\overline{X}}{Q}.$$

三、解答题

例 7.6　用过去的铸造方法,零件强度服从正态分布,其标准差为 $1.6(\mathrm{kg/mm^2})$.为了降低成本,改变了铸造方法,测得用新方法铸造出的零件强度(单位:$\mathrm{kg/mm^2}$)如下:

　　51.9　53.0　52.7　54.1　53.2　52.3　52.5　51.1　54.7

问改变方法后零件的方差 σ^2 是否发生显著变化(取显著水平 $\alpha=0.05$)?

解　当 μ 未知,要检验 $H_0:\sigma^2=1.6^2$,选取统计量

$$\chi^2=\frac{(9-1)S^2}{\sigma^2}\sim\chi^2(8).$$

接受域为 $2.18=\chi^2_{0.025}(8)<\dfrac{(9-1)S^2}{\sigma^2}<\chi^2_{0.975}(8)=17.535.$ 而

$$\chi^2 = \frac{(9-1)S^2}{\sigma^2} = 3.73.$$

所以认为方差 σ^2 没有发生显著变化.

例 7.7　一自动车床加工零件的长度服从正态分布 $N(\mu, \sigma^2)$,车床正常工作时,加工零件长度的均值为 10.5,经过一段时间的生产后,要检验一下车床是否工作正常.为此随机抽取该车床加工的零件 31 个,算得均值为 11.08,标准差为 0.516.设加工零件长度的方差不变,问此时可否认为车床工作正常($\alpha = 0.05$)?

解　当 σ 未知,要检验 $H_0 : \mu = \mu_0 = 10.5, n = 5, \alpha = 0.05$,选取统计量

$$T = \frac{\overline{X} - \mu_0}{S} \sqrt{n} \sim t(30)\text{(当 } H_0 \text{ 成立时).}$$

拒绝域为: $\left| \dfrac{\overline{x} - \mu_0}{\frac{S}{\sqrt{n}}} \right| > t_{1-\frac{\alpha}{2}}(30) = t_{0.975} = 2.042.$ 而

$$T = \frac{\overline{X} - \mu_0}{S} \sqrt{n} = \frac{11.08 - 10.05}{0.156} \sqrt{30} = 6.26 > 2.042.$$

所以,拒绝 H_0,即不能认为车床正常工作.

例 7.8　设有甲、乙两种零件彼此可以代用,但乙零件比甲零件制造简单、造价低,经过试验获得它们的抗压强度(单位:kg/cm^2)如下表:

甲种零件	88	87	92	90	91
乙种零件	89	89	90	84	88

已知甲、乙两种零件的抗压强度分别服从 $N(\mu_1, \sigma^2)$, $N(\mu_2, \sigma^2)$,问能否在保证抗压强度质量下,用乙种零件代替甲种零件($\alpha = 0.05$)?

解　当 $\sigma_1 = \sigma_2$ 未知,要检验 $H_0 : \mu_1 - \mu_2 = 0, m = n = 31, \alpha = 0.05$,选取统计量

$$T = \frac{\overline{X} - \overline{Y} - (\mu_1 - \mu_2)}{S_w \sqrt{\frac{1}{m} + \frac{1}{n}}} \sim t(m+n-2) = t(8)\text{(当 } H_0 \text{ 成立时),}$$

其中 $S_w = \sqrt{\dfrac{(m-1)S_1^2 + (n-1)S_2^2}{m+n-2}}$.

拒绝域为：

$$\left| \frac{\overline{X} - \overline{Y}}{S_w \sqrt{\dfrac{1}{m} + \dfrac{1}{n}}} \right| > t_{1-\frac{\alpha}{2}}(8) = 2.306.$$

$$S_w = \sqrt{\frac{(m-1)S_1^2 + (n-1)S_2^2}{m+n-2}} = \sqrt{\frac{4 \times 2.07^2 + 4 \times 2.35^2}{5+5-2}} = 2.21.$$

而

$$\left| \frac{\overline{x} - \overline{y}}{S_w \sqrt{\dfrac{1}{m} + \dfrac{1}{n}}} \right| = \frac{89.6 - 88}{2.21 \sqrt{\dfrac{2}{5}}} = 1.36 < 2.306.$$

所以认为可用乙代替甲.

例 7.9　在正态分布 $N(\mu, 1)$ 中抽取容量为 100 的样本，经过计算样本均值为 5.32.

(1) 试检验 $H_0 : \mu = 5$ 是否成立；

(2) 计算上述检验在 $H_1 : \mu = 4.8$ 下犯第二类错误的概率.

解　(1) 在 $\sigma = 1$ 的情况下检验 $H_0 : \mu = \mu_0 = 5, n = 100, \alpha = 0.01.$

选取统计量 $U = \dfrac{\overline{X} - \mu_0}{\dfrac{\sigma}{\sqrt{n}}} \sim N(0, 1)$（当 H_0 成立时）.

拒绝域为：$U = \dfrac{\overline{X} - \mu_0}{\dfrac{\sigma}{\sqrt{n}}} > u_{1-\frac{\alpha}{2}} = u_{0.995} = 2.58.$

而 $U = \dfrac{\overline{X} - \mu_0}{\sigma} \sqrt{n} = \dfrac{5.32 - 5}{1} \sqrt{100} = 3.2 > 2.58.$

所以，拒绝 H_0，即 $\mu \neq 5.$

(2) 在 $H_1 : \mu = 4.8$ 下犯第二类错误的概率，即 $P\{$接受 $H_0 \mid H_1$ 成立$\}$. 所以总体为 $N(4.8, 1).$

$$\overline{X} \sim N\left(4.8, \frac{1}{100}\right),$$

$$\beta = P\{接受\ H_0 \mid \mu = 4.8\} = P\left\{\sqrt{100}\,\frac{|\overline{X} - 5|}{1} \leqslant u_{1-\frac{\alpha}{2}}\right\}$$

$$= P\left\{\frac{50 - u_{0.995}}{10} < \overline{X} < \frac{50 + u_{0.995}}{10}\right\}$$

$$= P\left\{\frac{50 - 48 - u_{0.995}}{10 \times \frac{1}{10}} < \frac{\overline{X} - 4.8}{\frac{1}{10}} < \frac{50 - 48 + u_{0.995}}{10 \times \frac{1}{10}}\right\}$$

$$= \Phi(2 + u_{0.995}) - \Phi(2 - u_{0.995}) = \Phi(2 + 2.58) - \Phi(2 - 2.58)$$

$$= \Phi(4.58) - \Phi(-0.58) = 1 - 1 + \Phi(0.58) = 0.719\ 0.$$

§7.5　基础训练题

一、填空题

1. 设 $X_1, X_2, \cdots, X_n$ 是来自正态总体 $N(\mu, \sigma^2)$ 的简单随机样本，μ 和 σ^2 均未知，记 $\overline{X} = \frac{1}{n}\sum_{i=1}^{n} X_i$，$Q^2 = \sum_{i=1}^{n}(X_i - \overline{X})^2$，则假设 $H_0: \mu = 0$ 的 t 检验使用统计量 $t = $ _____.

2. 设 $\overline{X} = \frac{1}{m}\sum_{i=1}^{m} X_i$ 和 $\overline{Y} = \frac{1}{n}\sum_{i=1}^{n} Y_i$ 分别来自两个正态总体 $N(\mu_1, \sigma_1^2)$ 和 $N(\mu_2, \sigma_2^2)$ 的样本均值，参数 μ_1, μ_2 未知，两正态总体相互独立，欲检验 $H_0: \sigma_1^2 = \sigma_2^2$，应用 _____ 检验法，其检验统计量是 _____.

3. 设总体 $X \sim N(\mu, \sigma^2)$，μ, σ^2 为未知参数，从 X 中抽取的容量为 n 的样本均值记为 $\overline{X}$，修正样本标准差为 S_n^*，在显著性水平 α 下，检验假设 $H_0: \mu = 80, H_1: \mu \neq 80$ 的拒绝域为 _____，在显著性水平 α 下，检验假设 $H_0: \sigma^2 = \sigma_0^2(\sigma_0\ 已知), H_1: \sigma_1 \neq \sigma_0^2$ 的拒绝域为 _____.

二、选择题

1. 在对单个正态总体均值的假设检验中，当总体方差已知时，选用(　　　).

(A) t 检验法　　(B) u 检验法　　(C) F 检验法　　(D) χ^2 检验法

2. 在一个确定的假设检验中,与判断结果相关的因素有(　　　).

(A) 样本值与样本容量　　　　(B) 显著性水平 α

(C) 检验统计量　　　　　　　(D) A,B,C 同时成立

3. 对正态总体的数学期望 μ 进行假设检验,如果在显著水平 0.05 下接受 $H_0 : \mu = \mu_0$,那么在显著水平 0.01 下,下列结论中正确的是(　　　).

(A) 必须接受 H_0　　　　　　(B) 可能接受,也可能拒绝 H_0

(C) 必拒绝 H_0　　　　　　　(D) 不接受,也不拒绝 H_0

三、解答题

1. 设某产品的某项质量指标服从正态分布,已知它的标准差 $\sigma = 150$,现从一批产品中随机抽取了 26 个,测得该项指标的平均值为 1 637,问能否认为这批产品的该项指标值为 1 600($\alpha = 0.05$)?

2. 某台机器加工某种零件,规定零件长度为 100 cm,标准差不超过 2 cm,每天定时检查机器运行情况,某日抽取 10 个零件,测得平均长度 $\overline{X} = 101$ cm,样本标准差 $S = 2$ cm,设加工的零件长度服从正态分布,问该日机器工作是否正常($\alpha = 0.05$)?

3. 从某锌矿的东西两支矿脉中,各取容量为 9 和 8 的样本分析后,计算其样本含锌量的平均值与方差分别为:

东支: $\overline{x} = 0.230, S_1^2 = 0.133\,7, n_1 = 9$;

西支: $\overline{y} = 0.269, S_2^2 = 0.173\,6, n_2 = 8$.

假定东西两支矿脉的含锌量都服从正态分布,对 $\alpha = 0.05$,问能否认为两支矿脉的含锌量相同?

四、证明题

设总体 $X \sim N(\mu, 5^2)$ 在 $\alpha = 0.05$ 的水平上检验 $H_0 : \mu = 0$,$H_1 : \mu \neq 0$,若所选取的拒绝域 $R = \{ |\overline{X}| \geqslant 1.96 \}$,试证样品容量 n 应取 25.

参 考 答 案

§1.5　基础训练题参考答案

一、填空题

1. (1) $A \cup B \cup C$　(2) $A\overline{B}\,\overline{C} \cup \overline{A}B\overline{C} \cup \overline{A}\,\overline{B}C$　(3) $\overline{B}\,\overline{C} \cup \overline{A}\,\overline{C} \cup \overline{A}\,\overline{B}$ 或
$A\overline{B}\,\overline{C} \cup \overline{A}B\overline{C} \cup \overline{A}\,\overline{B}C \cup \overline{A}\,\overline{B}\,\overline{C}$

2. 0.7

3. $\dfrac{3}{7}$

4. $\dfrac{4}{7!} = \dfrac{1}{1\,260}$

5. 0.75

二、选择题

1. (A)　2. (D)　3. (B)　4. (D)　5. (D)

三、计算题

1. $\dfrac{8}{15}$

2. (1) $\dfrac{1}{15}$　(2) $\dfrac{1}{210}$　(3) $\dfrac{2}{21}$

3. (1) 0.28　(2) 0.83　(3) 0.72

4. 0.92

5. 该产品是 B 厂生产的可能性最大

6. $\dfrac{m}{m+k}$

四、证明题

提示:利用条件概率可证得.

§2.5 基础训练题参考答案

一、填空题

1. $\dfrac{1}{5}$

2. $a=1, b=\dfrac{1}{2}$

3. 0.2

4. $\dfrac{2}{3}$

5. $\dfrac{4}{5}$

二、选择题

1.(C) 2.(B) 3.(B) 4.(C) 5.(C)

三、计算题

1.(1) $P\{X=K\}=\left(\dfrac{3}{13}\right)^{k-1}\left(\dfrac{10}{13}\right)$

(2)

X	1	2	3	4
P	$\dfrac{10}{13}$	$\left(\dfrac{3}{13}\right)\left(\dfrac{10}{12}\right)$	$\left(\dfrac{3}{13}\right)\left(\dfrac{2}{12}\right)\left(\dfrac{10}{11}\right)$	$\left(\dfrac{3}{13}\right)\left(\dfrac{2}{12}\right)\left(\dfrac{1}{11}\right)$

2.(1) $A=\dfrac{1}{2}$. (2) $\dfrac{1}{2}(1-\mathrm{e}^{-1})$ (3) $F(x)=\begin{cases}\dfrac{1}{2}\mathrm{e}^x & x<0 \\[2mm] 1-\dfrac{1}{2}\mathrm{e}^x & x\geqslant 0\end{cases}$

3. $f(x)=\begin{cases}0 & 其他 \\[2mm] \dfrac{1}{b-a}\left(\dfrac{6}{\pi}\right)^{\frac{1}{3}}\dfrac{1}{3}x^{-2/3} & x\in\left[\left(\dfrac{\pi}{6}\right)a^3,\left(\dfrac{\pi}{6}\right)b^3\right]\end{cases}$

4. $n\geqslant 4$

5. 提示：$P\{x \geqslant h\} \leqslant 0.01$ 或 $P\{x < h\} \geqslant 0.99$，利用后式求得 $h = 184.31$（查表 $\phi(2.33) = 0.9901$）

6. (1) $A = \dfrac{1}{2}, B = \dfrac{1}{\pi}$　(2) $\dfrac{1}{2}$　(3) $f(x) = 1 / [\pi(1 + x^2)]$

四、证明题

提示：参数为 2 的指数函数的密度函数为 $f(x) = \begin{cases} 2e^{-2x} & x > 0 \\ 0 & x \leqslant 0 \end{cases}$，

利用 $Y = 1 - e^{-2X}$ 的反函数 $x = \begin{cases} -\dfrac{1}{2}\ln(1-y) \\ 0 \end{cases}$ 即可证得.

§3.5　基础训练题参考答案

一、填空题

1. $\dfrac{5}{7}$

2. $a = \dfrac{1}{3}, b = \dfrac{1}{6}$

3. $F(b, c) - F(a, c)$

4. $F_\xi(a, b)$

5. $\dfrac{1}{2}$

二、选择题

1. (C)　2. (A)　3. (C)　4. (C)　5. (B)

三、解答题

1.

Y \ X	0	1	2	3	$p_{\cdot j}$
1	0	3/8	3/8	0	3/4
3	1/8	0	0	1/8	1/4
$p_{i\cdot}$	1/8	3/8	3/8	1/8	1

2. (1) $A=\dfrac{1}{\pi^2}, B=\dfrac{\pi}{2}, C=\dfrac{\pi}{2}$ (2) $f(x,y)=\dfrac{6}{\pi^2(4+x^2)(9+y^2)}$ (3) 独立

3. (1) 12 (2) $(1-e^{-3})(1-e^{-8})$

4. (1) $A=24$

(2) $F(x,y)=\begin{cases}0 & x<0 \text{ 或 } y<0 \\ 3y^4-8y^3+12(x-x^2/2)y^2 & 0\leqslant x<1 \quad 0\leqslant y<x \\ 3y^4+8y^3+6y^2 & x\geqslant 1 \quad 0\leqslant y<1 \\ 4x^3-3x^4 & 0\leqslant x<1 \quad x\leqslant y \\ 1 & x\geqslant 1 \quad y\geqslant 1\end{cases}$

5. (1) $f_x(x)=\begin{cases}12x^2(1-x) & 0\leqslant x\leqslant 1 \\ 0 & \text{其他}\end{cases}$; $f_y(y)=\begin{cases}12y(1-y)^2 & 0\leqslant y\leqslant 1 \\ 0 & \text{其他}\end{cases}$

(2) 不独立

6. $f_{Y|X}(y|x)=\begin{cases}\dfrac{2y}{x^2} & 0<y<x, 0<x<1 \\ 0 & \text{其他}\end{cases}$

$f_{X|Y}(x|y)=\begin{cases}\dfrac{2(1-x)}{(1-y)^2} & y\leqslant x<1, 0<y<1 \\ 0 & \text{其他}\end{cases}$

§4.5 基础训练题参考答案

一、填空题

1. 1.16

2. $\dfrac{1}{2}$

3. 7.4

4. 46

5. 85

二、选择题

1.（B）　2.（A）　3.（C）　4.（B）　5.（C）

三、计算题

1. $E(X) = \dfrac{12}{7}, D(X) = \dfrac{24}{49}$

2. 丙组

3. 10 分 25 秒

4. 平均需赛 6 场

5. $E(X) = \dfrac{k(n+1)}{2}, D(X) = \dfrac{k(n^2-1)}{12}$

6. $k = 2, E(XY) = \dfrac{1}{4}, D(XY) = \dfrac{7}{144}$

§5.5　基础训练题参考答案

一、填空题

1. $N\left(\mu, \dfrac{\sigma^2}{n}\right), N(0,1), N\left(\mu, \dfrac{\sigma^2}{n}\right), N(0,1)$

2. $\mu^2 + \sigma^2$

3. $\dfrac{1}{8}$

4. $\overline{X} = 7, S^2 = 2$

5. $N\left(\mu, \dfrac{\sigma^2}{n}\right)$

二、选择题

1.（C）　2.（B）　3.（A）　4.（B）　5.（C）

三、解答题

1. 0.947 5

2. 0.984 2

3. 537

4. $t(n-1)$